菏泽医学专科学校实验系列教材

U0879199

生物化学实验指导

（第2版）

主　编　刘观昌　张凤英

副主编　赵家坤　韦　岩　韩　冰　李　阁

编　委　（按姓名汉语拼音排序）

付丹丹（菏泽医学专科学校）
韩　冰（菏泽医学专科学校）
孔令银（菏泽市立医院）
李　阁（菏泽医学专科学校）
李桂霞（菏泽市立医院）
刘观昌（菏泽医学专科学校）
刘瑞芳（菏泽医学专科学校）
刘艳艳（菏泽医学专科学校）
王淑玉（菏泽市立医院）
王文国（菏泽市立医院）
韦　岩（菏泽医学专科学校）
张凤英（菏泽医学专科学校）
赵家坤（菏泽医学专科学校）

北京大学医学出版社

SHENGWU HUAXUE SHIYAN ZHIDAO

图书在版编目（CIP）数据

生物化学实验指导/刘观昌，张凤英主编. —2版.
—北京：北京大学医学出版社，2016.8（2023.1重印）
菏泽医学专科学校实验系列教材
ISBN 978-7-5659-1438-6

Ⅰ.①生… Ⅱ.①刘… ②张… Ⅲ.①生物化学-实验-医学院校-教学参考资料 Ⅳ.①Q5-33

中国版本图书馆CIP数据核字（2016）第177314号

生物化学实验指导（第2版）

主　　编：刘观昌　张凤英
出版发行：北京大学医学出版社
地　　址：（100191）北京市海淀区学院路38号　北京大学医学部院内
电　　话：发行部 010-82802230；图书邮购 010-82802495
网　　址：http://www.pumpress.com.cn
E - mail：booksale@bjmu.edu.cn
印　　刷：中煤（北京）印务有限公司
经　　销：新华书店
责任编辑：韩忠刚　**责任校对**：金彤文　**责任印制**：李　啸
开　　本：787 mm×1092 mm　1/16　**印张**：6　**字数**：153千字
版　　次：2016年8月第2版　2023年1月第7次印刷
书　　号：ISBN 978-7-5659-1438-6
定　　价：13.00元

前　言

生物化学是医药院校一门重要的基础学科。近年来，随着实验技术的突飞猛进，生物化学得到了迅速发展。生物化学实验是生物化学课程中十分重要的组成部分，不断加强和改进实验教学是提高生物化学教学质量的重要环节。掌握生物化学常用实验方法和技术，不仅是学习生物化学这门课程本身的要求，也是学好其他课程及进行科学研究的需要。为进一步提高生物化学实验课的教学质量，我们根据多年的教学经验，经过反复筛选实验内容，编写了这本实验指导。

本教材是在我们多年使用的生物化学实验讲义的基础上，紧扣教学大纲的内容和要求，经修订和改编而成；不仅补充更新了原有的理论和实验内容，还增加了一些反映最新进展的实验技术。内容分为前后呼应的两大部分，前半部分扼要介绍常用的生物化学基本理论和实验方法，包括生物化学实验中的基本操作、分光光度法、离心、电泳、层析、蛋白质及核酸的分离纯化技术、PCR 等，以供学生实验时查找及教师讲解。后半部分是实验部分。根据理论教学大纲，每一部分的理论内容均安排了相应的实验，同时还有若干个综合性实验。学习生物化学实验的目的是培养学生的动手能力和良好的科研素养，为学生将来的工作和学习奠定基础。

本实验指导既有现代生物化学的重要技术和方法，如各种电泳、层析、分光光度法、微量气体分析等，又保留了经实践证明效果好而又实用的经典方法。

本书实验项目较多，各院校可根据自己的实际情况进行选择。

由于水平所限，加之时间仓促，本教材难免存在缺点、错误，望使用本书的各位教师和同学们提出宝贵的修改意见，以求进一步完善。

编者

2016 年 5 月

目　录

实验须知

【实验目的】

生物化学实验是生物化学教学的重要组成部分，加强和改进实验课教学是提高教学质量的重要环节，通过生化实验课教学要达到以下三个方面的目的：

1. 培养学生严谨的科学态度，提高分析问题和解决问题的能力。

2. 掌握生物化学的基本实验方法和实验技术。

3. 通过实验，进一步加深对生物化学理论知识的理解和掌握。

【实验前准备】

1. 复习好课堂讲授的有关理论知识。

2. 根据实验计划，认真预习实验指导。

3. 明确每次实验的目的，掌握实验设计的原理。

4. 了解操作步骤和初步判断实验的预期结果。

【实验时的注意事项】

1. 严格遵守实验规则，注意保持实验台面及仪器整洁，公用仪器及试剂不得随意搬动。

2. 必须严肃、认真、一丝不苟地按照实验指导进行操作，仔细观察，综合分析实验所出现的现象与结果，并及时记录。

3. 如果实验结果与理论不相符时，必须进行科学分析，找出原因并重做，直到结果正确为止。

4. 试剂用后放回原处，瓶盖切勿盖错。标准试剂不能用潮湿吸管或滴管与之直接接触，任何试剂取出后不得再放入原瓶。

5. 使用玻璃仪器时，要稳拿轻放，尽量避免损坏。使用分光光度计、离心机、电泳仪等贵重仪器，必须熟悉其使用方法，在不熟悉其用法时严禁随意开动。

6. 实验用过的滤纸、火柴梗以及沉淀物不得倒入水槽，以防阻塞下水道。舍去的浓酸、浓碱均须倒入废液缸中，不得倒入水池，以免损坏排水设施。

【实验后注意事项】

1. 及时清洗试管等试验器材，整理实验台面，打扫室内卫生。

2. 实验过程中如有仪器损坏，应填写“仪器损坏单”交给老师，说明损坏原因，以便吸取教训。

3. 离开实验室前要将门、窗、水、电、煤气关好。

【实验报告】

每次做完实验，须及时整理实验记录，按照规定的格式及内容写出实验报告，交指导老师评阅。实验报告内容包括：

1. 实验名称及实验日期。

2. 实验原理　用自己的语言表达，不要抄袭实验指导的内容。

3. 操作　简述实验过程，但不要抄袭实验指导。

4. 结果　如实记录观察到的实验现象和数据，对实验数据进行必要的运算和处理。

5. 讨论　分析实验结果并加以讨论。

【安全注意事项】

1. 低沸点有机溶剂，如乙醚、石油醚、乙醇、丙酮等均属易燃物品，应远离火源，若要加热时，须用水浴加热。

2. 万一出现火情，首先将一些易燃物品移至远处，然后将火扑灭。灭火方法：可用湿布或工作服盖上扑灭，也可取沙扑灭。若乙醚、油类等比水轻而易燃之物品着火时，切勿用水，火势大者速取灭火机灭之。

3. 万一发生酸、碱灼伤皮肤、眼睛等事故，不要惊慌，先用大量自来水冲洗，酸灼伤者用饱和 $NaHCO_3$溶液中和，碱烧伤者用饱和 H_3BO_3溶液冲洗，氧化剂伤害者用 $Na_2S_2O_4$ 处理。较严重者应及时去医院救治。

（刘瑞芳）

实验一　基本操作与练习

生物化学实验中需要多种基本操作技术，如各种玻璃仪器和测量仪器的正确使用；技术操作中的样品混匀、保温、加热、沉淀、过滤、离心等。如果这些操作不规范，将影响实验结果的准确性。因此，熟悉和掌握生化实验的一些基本操作是非常重要的。

生物化学的实验方法基本上是化学的方法，也就是用定性及定量的分析方法来观察物质代谢的规律，必须做到定性的洁净及定量的准确。因此，首先介绍一些常用仪器的使用和操作过程中的几项基本技术，并要求同学们反复练习，以达到熟练的程度。

一、吸量管

吸量管是精密的定量容器，在生物化学实验中最为常用。

使用时操作者左手持橡皮球，右手持吸量管上端，将吸量管浸入液体内大约 1cm 处，不得过深或过浅。用橡皮球吸取液体至所需刻度上方时，立即用右手示指按住管口。将吸量管下端提出液面，慢慢放开示指，使液面下降至所需刻度处。以吸量管尖端接触瓶壁，去除多余液体。然后将吸量管插入另一容器中，再松开示指，使液体流出。观察刻度时，应保持吸量管于垂直状态，操作者要面对吸量管的刻度面，操作者的视线应与液面处于同一水平面上。弧形液面应与刻度成切线。

常用的吸量管有以下三种：

1. 刻度吸量管　有 0.1ml、0.2ml、0.5ml、1.0ml、2.0ml、5.0ml、10.0ml 等规格。刻度吸量管又分刻度到尖端和刻度不到尖端两种。

使用前者时，要将吸量管内的全部液体放出，特别注意的是要将最后留在管尖端中的液体吹出，才能达到指定体积。使用刻度不到尖端的吸量管时，仅需将吸量管内的液体放出到达下端指定的刻度，即达到指定的体积。

2. 移液吸量管　也称容量吸量管或胖肚吸量管，是单一刻度的吸量管，中间呈圆柱状膨大，为定量移出整量液体之用。有 5ml、10ml、15ml、20ml、25ml、50ml 及 100ml 等规格。其溶液是根据液体自内流出量来计算的。卸放液体时，将管尖紧靠容器内壁，使液体自行流出，流完后管尖在容器内壁上停留 15～30 秒即可，管尖残余液体不要放出。如管壁刻有“吹”字，则应吹出。

3. 奥氏吸管　也称欧氏吸管，亦为一种单一刻度的吸量管，中下部呈球形膨大，所以液体与吸管表面接触面积较小，用于吸取血液等黏度较大的液体。流放标本时，应让其自然地缓慢流出，以减少内壁黏附。若为吹出式，管尖最后 1 滴应吹出。在学生实验中常用的有 1.0ml、2.0ml、5.0ml 等规格。

二、移液器

移液器是生物化学与分子生物学实验室常用的小件精密设备，移液器能否正确使用，直接关系到实验的准确性与重复性，同时关系到移液器的使用寿命，下面以连续可调的移液器为例，说明移液器的使用方法。

移液器由连续可调的机械装置和可替换的吸头组成，不同型号的移液器吸头有所不同，实验室常用的移液器根据最大吸取量有 5μl、10μl、20μl、50μl、100μl、200μl、1ml、5ml、10ml 等规格。移液器的正确使用包括以下几个方面：

1. 根据实验精度选用正确量程的移液器（使用者可根据移液器生产厂家提供的吸量误差表确定）。当取用体积与量程不一致时，可通过稀释液体，增加吸取体积来减少误差。

2. 移液器的吸量体积调节　移液器调至所需刻度，调整过程中动作要轻缓，切勿超过最大或最小量程。

3. 吸量　将吸头套在移液器的头上并轻轻转动，有必要时可用手辅助套紧，以保证密封，但要防止由此带来的污染。使用前应先将移液器空吸和空排几次，以保证腔内外气压相一致。然后将吸量按钮按至第一档，将吸头垂直插入待取液体中，深度以刚浸没吸头尖端为宜（2～3mm），然后慢慢放松按钮，使之复位，以吸取液体，等待 1～2 秒钟后从液体中取出，并避免碰撞任何东西；释放所吸液体时，先将吸头头部移至加样容器壁上，缓慢按压吸量按钮至第一档，等待 1～2 秒钟后，再把按钮全部按下（第二档）以排出所有液体。排尽全部液体后，吸头应沿容器壁向上滑动取出，再放松按钮，使之复位，即完成一次操作过程。

4. 吸头的更换　性能优良的移液器具有卸载吸头的机械装置，轻按卸载按钮，吸头会自动脱落。

【注意事项】

1. 连续可调移液器的取用体积调节要轻缓，严禁超过最大或最小量程。

2. 在移液器吸头中含有液体时禁止将移液器水平放置，平时不用时置移液器架上。

3. 吸取液体时，动作应轻缓，防止液体随气流进入移液器的头部。

4. 在吸取不同的液体时，要更换移液器吸头。

5. 移液器属精密量器，不允许直接接触液体，不使用时应调至最大刻度，保持弹簧松弛，同时应接上吸头，以保持管内清洁。

6. 移液器要进行定期校准，一般由专业人员来进行。

三、容量瓶及量筒

容量瓶是一种长颈梨形的平底瓶，具有磨口塞，颈部有画线，表示在所示温度下（一般为 20℃）当液体充满到标线时，液体体积恰好与瓶上所注明的体积相等。容量瓶有 10ml、25ml、50ml、100ml、200ml、250ml、500ml、1000ml、2000ml 等规格。

使用容量瓶配制溶液时，一般是先将固体物质在烧杯用少量溶剂溶解，然后将溶液沿玻棒定量地转移到量瓶中。烧杯用少量水冲洗 2～3 次，并注入容量瓶中，再加入溶剂混匀稀释。当稀释至溶液面接近标线时，应等待 1～2min，使附在瓶颈内壁的水流下，并待液面之小气泡消失后，再用滴管逐滴加入溶剂，使之恰至刻度处，即溶液凹面最低点和标线相切。然后将容量瓶塞塞好，将它反复倒置，摇动数次混匀。

容量瓶不能直接用火加热，水浴加热时也不要骤热和骤冷，也不能用烘箱烘烤，以免变形而引起容量误差。

量筒为粗计量器，当所量取的液体要求不十分准确时，可使用之。常用的有 25ml、50ml、100ml、250ml、500ml、1000ml。量取时视线与量筒内液体凹面的最低点在同一水平上，偏高或偏低都会造成较大的误差。量筒之底座及筒身是一体的，因而不能量取过热液体，更不能直接加热，以防炸裂。

四、滴定管

滴定管是供容量分析滴定之用，按其容量大小可分为常量滴定管和微量滴定管两种。

1. 常量滴定管　常用的有 25ml 和 50ml 两种规格，按其用途分为酸式滴定管和碱式滴定管两种：①酸式滴定管装有玻璃活塞，可盛酸性、中性以及氧化性（$KMnO_4$、I_2 和 $AgNO_3$）等溶液，不宜盛碱性溶液，因为碱常使活塞与活塞套黏合，难以转动；②碱式滴定管下端套有一段约 10cm 长的橡皮管（内装玻璃珠）接尖嘴玻璃管。可盛碱性溶液，不宜盛氧化性溶液，因为氧化性溶液易与橡皮起作用。

2. 微量滴定管　总容积有 1ml、2ml 和 5ml，最小刻度为 0.05ml 或 0.01ml，有的附有自动加液装置。微量滴定管尖的口径小，故流出的液滴细小。

使用滴定管应注意以下事项：

1. 检查是否清洁干燥、是否漏水、玻塞是否滑润，如有漏水转动不灵，应拆下活塞重新涂抹凡士林。涂抹前要将玻塞擦干，用手指沾少量凡士林在活塞两头各擦一薄层，将活塞插入槽内，然后向同一方向转动活塞，直到从外面看时全部透明为止。油涂好后，在活塞的小头的槽上套一橡皮圈，以防活塞滑脱。

2. 使用时必须认出每一格表示多少毫升，先用少量滴定液清洗滴定管 2～3 次，然后方可装液。装液体后，管内如有气泡必须排出。

3. 滴定之前应先读取起始点。滴定时，左手控制玻塞，右手持瓶，边滴边摇，密切注意被滴定溶液的颜色变化。

4. 装置滴定管时、管身必须与地面垂直。读取时眼睛与溶液凹面下缘处在同一水平线上，不要仰头或低头读数。

五、其他基本操作

1. 溶液的混匀　欲使化学反应充分进行，必须使反应体系内各种物质迅速地相互接触。溶液的混匀方式有下列几种，可随使用器皿、液体容量不同而选用。

（1）旋转混匀法：手持容器作离心旋转，适用于未盛满液体的试管或小口器皿，如三角烧瓶等。

（2）弹指混匀法：左手持试管使之直立，以右手示指轻击试管之下部，使管内溶液作旋转流动。

（3）倒置混匀法：适用于有玻璃塞的瓶子，如容量瓶等。

（4）弹动混匀法：以右手拇指、示指、中指握住试管上部，将试管底部于左手掌中弹动。

（5）吸管混匀法：用吸管将溶液反复吸放数次，适用于量少而无沉淀的液体。

（6）搅拌混匀法：适用于烧杯等大口容器所盛溶液的混匀。一般在配制混合剂时用，用玻棒搅拌以助溶，或混匀大量的溶液。

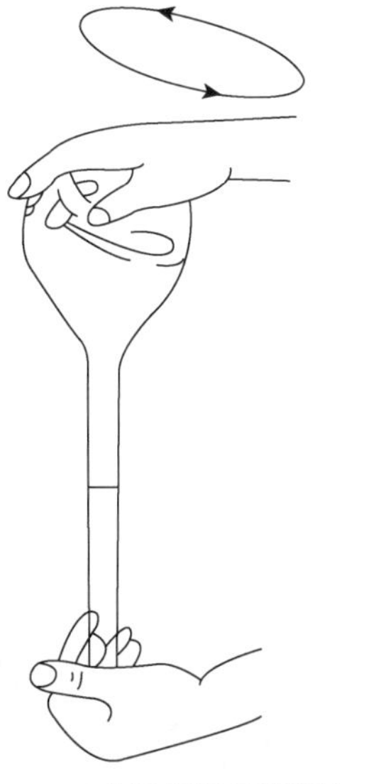
图 1-1　容量瓶的倒置混匀

2. 保温与加热

（1）保温：为使某一化学反应在恒定温度下进行，常需要保温，如酶促化学反应。保温需要用恒温箱或恒温水浴箱，使用恒温箱或恒温水浴时应注意：①箱中温度调好后，切勿再转动调节钮；②随手关好温箱门或水浴盖，防止热的散失；③小心操作，防止药品撒于仪器内。如有药品撒于其中，须立即设法清除。

（2）加热：常用的加热方法有两种：一是直接把试管或其他器皿在酒精灯或电炉、煤气灯上加热；二是在水浴中加热或煮沸。要按实验要求去做。

3. 过滤　过滤的目的是使沉淀物与液体分离。可用滤纸、纱布、棉花、抽滤等方法过滤，根据实验要求选择。过滤时应注意以下几点：

（1）当定量地收集滤液时，不要预先用水浸湿滤纸，以免影响滤液的浓度。

（2）漏斗边缘要比滤纸边高出0.5～1.0cm，滤纸锥体的三层一边应放在漏斗出口短的一边，漏斗出口长的一边应紧靠容器壁。

（3）漏斗颈的出口不应与溶液接触，更不应将漏斗颈浸在滤液中。

4. 玻璃仪器的冲洗　玻璃仪器用完后，应按下列要求清洗：

（1）普通玻璃仪器，如烧杯、烧瓶、锥形瓶、试管等，先用自来水冲洗，再以毛刷洗刷数遍，以自来水彻底冲刷，最后以少量蒸馏水冲洗，倒置试管架上。

（2）吸管等量器一般只用自来水冲洗，再以蒸馏水冲洗即可，必要时应用铬酸溶液浸泡过夜，再以自来水彻底冲洗，最后用蒸馏水冲洗，倒置吸管架上，使其自行干燥。

（3）吸取含血液或蛋白质等物质的吸管或其他量器，必须立即用水冲洗，否则因凝结不易洗净，如欲浸泡洗液中，也必须先用水冲净、晾干，再浸入其中。

（4）滴定管玻璃塞上如有凡士林，清洗前应将凡士林擦去。

（5）一切玻璃仪器洗净后，器皿应透明光亮，没有水滴。洗净的仪器不能再用布擦拭内壁。

各种洗涤液的配制方法及使用参见附录Ⅱ。

（刘观昌）

实验二　生物化学实验常用操作技术

一、分光光度技术

分光光度分析是目前生物化学实验室及临床生化检验中最常用的定量方法之一。

（一）原理

光线的本质是电磁波，有不同的波长。肉眼可见的彩色光称可见光，波长在 400～750nm，波长小于 400nm 的光线称为紫外线，波长大于 750nm 的光线称为红外线。分光光度分析的基本原理是溶液在光线照射下，对光线有选择地吸收。不同的物质由于其分子结构不同，对光线的吸收能力也不同，不同的物质具有其各自的吸收光谱，其理论依据是 Lambert -Beer 定律，是指一束单色光通过有色透明液时，特定波长的光会被吸收，被吸收光波的量与溶液厚度成一定的比例关系。

设入射光的强度为 I_0，透射光的强度为 I，则 I 和 I_0之百分比值称为透光度，用 T 表示，即

$$T=I/I_0\times 100\%。$$

T 值是随溶液厚度的增加而减小的，通过计算推导，T 与溶液厚度间并不存在简单的定量关系，只有 T 的负对数（lgT）才随溶液厚度的增加而成正比的增加。

$$-\lg T=-\lg I/I_0=\lg I_0/I=a_1 b$$

式中，a_1为常数，b 为溶液的厚度。式中 $\lg I_0/I$ 即透光度的负对数称为吸光度 A，又称消光度（E）或称光密度（OD 或 D）。所以：$A=a_1 b$。

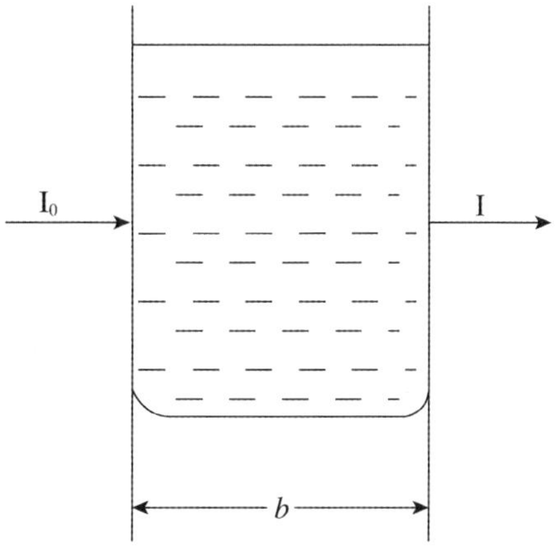

图 2－1　比色原理示意图

Beer 定律：当一束单色光通过溶液后，溶液的厚度不变，而浓度不同时，溶液浓度越大，则透射光的强度越弱。其他关系的推导同 Lambert－Beer 定律推导。

$$\lg I_0/I=a_2 c$$

式中，c 为溶液的浓度，a_2为常数。

如果同时考虑到溶液的厚度和溶液的浓度对光吸收的影响时，上式合并起来即得：

$$\lg I_0/I=abc，即：A=abc$$

在此，a 为吸光率（也称吸光系数）。

上式即为 Lambert－Beer 定律的表达式，是分光光度分析的基本计算公式。

采用适当的光源、棱镜和适当的光源接收器，可使介质浓度测定范围不仅局限于可见光，亦可扩大到紫外线区和红外线区。经单色器（棱镜）得到的光源虽然不是纯的单色光，但波长范围狭窄，也更符合 Lambert－Beer 定律，使分光光度的分析灵敏度大为提高。

以不同波长的单色光作为入射光，测定某一溶液的吸光度，然后以入射光的不同波长为横轴，各相应的吸光度为纵轴作图，可得到溶液的吸收光谱曲线。不同的物质，分子结构不

同，其吸收光谱曲线也有其特殊形状。许多动、植物组织中所含的组分用化学方法不易分离，此组分可借助于分光光度法测定出不同的吸收光谱曲线，用以确定各组分的性质和含量。由于分光光度计波长范围较大，既可用于可见光，也可用于紫外线和红外线吸收测定。又由于分光光度法可利用物质持有的吸收光谱曲线进行定性定量，因此，待测物质既可以是有色物质，也可以是无色物质，只要对特定波长的光线吸收即可。

（二）分光光度法在生物化学中的应用

利用分光光度法对物质进行定量测定，其计算方法主要有两种：

1. 利用标准管计算被测物含量（直接比较法）　用已知浓度的标准物与测定管同样处理，读取各管光密度。再根据 Lambert - Beer 定律的表达式计算：

$$A_1 = a_1 b_1 c_1，A_2 = a_2 b_2 c_2$$

式中，A_1、A_2 分别为已知浓度标准管和未知浓度测定管光密度。

c_1、c_2 分别为已知浓度标准管和未知浓度测定管测定物浓度。

因盛标准液和测定液的比色皿内径相同（$b_1 = b_2$）。故以上二式可写成：

$$A_1 / a_1 \cdot c_1 = A_2 / a_2 \cdot c_2$$

因标准液和测定液的介质为同一物，故 a 相同。即 $a_1 = a_2$，上式可以换算成下式：

$$c_1 = A_2 / A_1 \cdot c_1$$

上式为实验操作中常用的计算式。

2. 利用标准曲线进行换算　先配制一系列已知不同浓度的测定物溶液，按测定管同样方法处理显色，分别读取各管光密度，以各管光密度为纵坐标，各管浓度为横坐标，在方格坐标纸上作图得标准曲线。以后进行测定时，就不需再做标准管，只以测定管光密度即可从标准曲线上查得测定物的浓度。

一般认为，标准曲线范围在测定物浓度的 0.5～2 倍之间，光密度在 0.05～1.0 范围内为宜，所作标准曲线仅供短期使用。标准曲线制作与测定管测定应在同一台仪器上进行，操作条件完全一样，否则其测定结果会有一定误差。

（三）分光光度计的结构与使用

能从含有各种波长的混合光中将每一单色光分离出来并测量其强度的仪器称为分光光度计。分光光度计因使用的波长范围不同而分为紫外线区、可见光区、红外线区以及万用（全波段）分光光度计等。无论哪一类分光光度计都由下列五个部分组成，即光源、单色器、狭缝、吸收池和检测系统（图 2 - 2）。

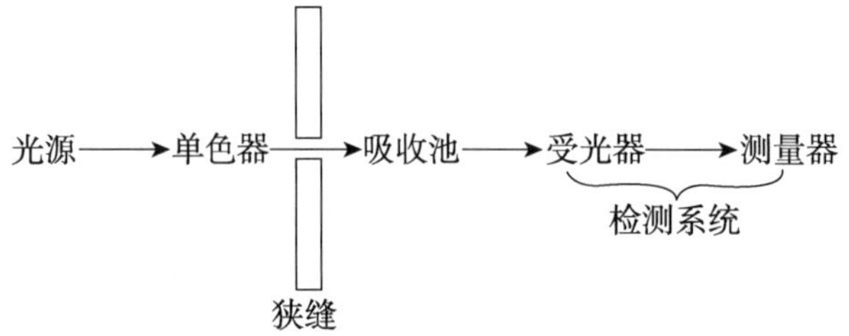

图 2 - 2　分光光度计结构示意图

1. 光源　一个良好的光源要求具备发光强度高、亮度稳定、光谱范围宽和使用寿命长等特点。分光光度计上常用的有白炽灯（钨灯、卤钨灯等）、气体放电灯（氢灯、氘灯及氙灯等）、金属弧灯（各种汞灯）等多种。有钨灯和氢灯（或氘灯）的分光光度计，光源的供电需要由稳压电源供给。钨灯在出现灯管发黑时应及时更换，如换用灯的型号不同，还需要调节灯座的位置和焦距，接触灯管时应戴手套，以防留下污迹。

2. 单色器　单色器是将混合光波分解为单一波长光的装置，多用棱镜或光栅作为色散元件，它们能在较宽光谱范围内分解出相对单一波长的光线，通过此色散系统根据需要可选择一定波长范围的单色光，单色光的波长范围愈窄，仪器的敏感性越高，测量的结果越可靠。

3. 狭缝　狭缝是由一对隔板在光通路上形成的缝隙，通过调节缝隙的大小调节入射光的强度，并使入射光形成平行光线，以适应检测器的要求，分光光度计的狭缝可在 0～2mm 宽度内调节。

4. 吸收池　吸收池也叫比色杯、比色皿或比色池，一般由玻璃或石英制成。在可见光范围内测定时选用光学玻璃吸收池，在紫外线范围内测定时必须用石英池。

注意保护比色杯的质量是取得良好分析结果的重要条件之一，吸收池上的指纹、油渍或壁上的一些沉积物，都会显著地影响其透光性，因此务必注意仔细操作和及时清洗并保持清洁。

5. 检测系统　主要是由受光器和测量器两部分组成，常用的受光器有光电池、真空光电管或光电倍增管等。它们可将接受到的光能转变为电能，并应用高灵敏度放大装置，将弱电流放大，提高敏感度。通过测量所产生的电能，由电流计显示出电流的大小，在仪表上可直接读取 A 值、T 值。较高级的现代仪器，还常附有电子计算机及自动记录器，可自动报出吸收曲线。

（四）操作方法

不论何种分光光度计，其基本操作方法大同小异。现以 7－22 型分光光度计为例，简要说明其使用要点。

1. 接上电源，打开比色室暗箱盖（光门挡板自动遮住光道），打开电源开关，将仪器预热约 20min，旋转波长旋钮选择所需波长。

2. 将灵敏度选择开关放置于“1”档，将旋钮“5”置于“T”档，然后旋转“0”调节旋钮，使读数窗口显示值为零。

3. 将空白、标准及测定溶液分别倒至干净的比色杯中，依次放于比色杯架上。

4. 将暗箱门盖上，并将空白管置于光路上，调节“100%”旋钮使读数窗口显示值为“100.00”。再将旋钮置于“A”档，看显示的吸光度是否为零。若为零则继续下面的步骤；若不为零则可用消光零调节钮，使之为零，同时需将旋钮置于“T”档，重复本步开始调节操作，以确保在“T”档时，暗箱盖打开时为零，合上时为 100；调至“A”档后，吸光度为零。

注：若空白液对光线吸收能力过强，仪器灵敏度不够，导致调不到 100%时，可将灵敏度选择开关拨到较高（2～3 档），至足以调到 100%为度，但改变灵敏度选择开关以后，需要重新校正“0”旋钮及 100%旋钮。

5. 将标准液及待测液的比色杯依次推入光路，即可从自动电流计直接读出吸光度值。

6. 使用完毕后，关上仪器开关，切断电源，将比色杯取出，用蒸馏水充分洗涤干净，放回原处。

附　VIS－722N 可见分光光度计使用说明

VIS－722N 可见分光光度计是在原有 7－22 型分光光度计的基础上经过改进而成，操作增加了智能化系统，显示屏以液晶显示代替了原来的仪表盘。其使用方法如下：

1. 打开仪器开关，仪器自动进入标准测量模式，将仪器预热 15min 后即可进入测量。

2. 旋转波长旋钮，使波长窗数为测量波长。

3. 将空白液、标准液、测定液分别放入样品池，并关好样品室门。

4. 将空白液拉入光路，按 100%键进入调百，待液晶显示 T 值为 100%时表示调整完毕。

5. 将样品池挡光位拉入光路，观察 T 值是否为 100%；如不是，按 0%键调零。

6. 将空白溶液再次拉入光路，观察 T 值是否为 100%；如不是，再次进入调百调零直至参比的透光度（T）测量值为 0%时完成仪器的调整。

7. 在完成仪器的调整后，将标准液和测定液拉入光路中，此时所显示的 T 值与 A 值便是此样品的透光率与吸光度值。

（五）注意事项

1. 该仪器应放在干燥的房间内，使用时放置在坚固平稳的工作台上，室内照明不宜太强。天热时不能用电扇直接向仪器吹风，以免仪器光源不稳定。

2. 使用本仪器前，使用者应该首先了解本仪器的结构和工作原理，了解各个操作旋钮或各按键的功能。在未接通电源之前，应该对仪器的安全性能进行检查，电源接线应牢固，通电也要良好，各个调节旋钮的起始位置应该正确，然后再接通电源开关。

3. 要注意保护比色皿的透光面，避免产生斑痕，否则影响透光度。比色皿放入比色皿架前应先用吸水纸吸干外壁的水珠，拿取比色皿时只能用手捏住毛玻璃的两侧面，比色皿使用完毕后应洗净（不可用碱溶液和强氧化剂洗涤，以免腐蚀玻璃或使比色皿黏结处脱胶），用擦镜纸吸干后放回比色皿盒内。

4. 若比色不连续进行，暂停使用时应使暗箱盖打开，以免光路长时间处于导通状态，致使光电管疲劳，影响测定准确性。为了避免仪器积灰和沾污，在工作结束后要用布套或塑料套子罩住整个仪器。

附　751G 型分光光度计使用

1. 选择适用波长的光源灯，钨灯适用波长为 320～1000nm，氢弧灯适用波长为 200～320nm。把主机背面的光源选择杆拨到选定的光源方向，氢弧灯向右，钨灯向左拨。打开放大器电源开关和灯源开关，将选择开关拨至“校正”位，旋转波长旋扭到所需刻度，仪器预热 20min。氢灯稳压电源的工作电流达 300mA 时，可正常工作。

2. 根据波长选择比色杯，350nm 以上用玻璃比色杯，350nm 以下用石英比色杯。将待测溶液（1 个杯中为空白液，3 个杯中为待测溶液）注入比色杯（注入的液体约为杯子体积的 3/4，若太满，拉动时易溢出杯外，损坏仪器）。沾在杯外的液体用擦镜纸轻轻拭去。然后将盛有液体的比色杯放入托架内，盖上盖板。移动样品槽手柄，把装有空白液的比色杯移入光路中，移动时注意滑板是否处在定位槽内。

3. 调节暗电流使电表指针到零。为了使测定正确，每测量一次，暗电流要校正一次。

4. 旋转灵敏度旋钮，一般从停止位置顺时针方向转动 3～5 圈。

5. 其他操作基本同可见光分光光度计。

二、电泳技术

电泳是带电粒子在电场作用下，向着与其所带电荷相反的电极移动的现象。电泳技术是利用带电粒子的这种特性，对混合物各组分进行分离、纯化和测定的一项技术。尽管电泳的种类繁多，但其基本原理却是一致的。

（一）电泳分类

1. 显微电泳　是用显微镜直接观察细胞等大颗粒物质电泳行为的过程。目前此法已用于研究膜结构以及癌细胞和正常细胞的差异性等方面。

2. 自由界面电泳　是胶体溶液的溶质颗粒经过电泳后，在胶体溶液和溶剂之间形成界面的电泳过程。最简单的界面电泳是在一“U”形管中装入一定量的带色胶体溶液如黄色硫化砷胶体溶液或血红蛋白溶液，然后小心地分别在“U”形管两端注入等量的稀电解质溶液（NaCl 溶液或一定 pH 的缓冲液），使其与胶体溶液之间有明显的界面，接着在此管两端放入铂电极，通直流电，一段时间后即可看到一边胶体溶液界面上升，另一边下降，这是胶体颗粒产生泳动的结果。

由于该电泳不受支持物的影响，所以分离效果较好，一般适用于胶体物质的纯度鉴定及电泳速度的测定。为了得到良好的界面，使界面移动能用光学系统反映出来，通常需要一套复杂的电泳装置，这就使自由界面电泳的广泛应用受到了限制。

3. 区带电泳　是样品物质在一惰性支持物上进行电泳的过程。因电泳后，样品的不同组分可形成带状的区间，故称区带电泳。采用不同类型的支持物进行电泳时，能分离鉴定小分子物质（如核苷酸、氨基酸等）和大分子物质（如核酸、蛋白质、病毒颗粒等）。由于区带电泳有支持物存在，所以减少了界面之间的扩散和异常现象的干扰。加之某些支持物如聚丙烯酰胺凝胶同时具有分子筛的效能，因此，区带电泳的灵敏度和分辨率较高。另外，区带电泳还具有设备简单、操作方便的优点，故在生物化学、临床检验等方面的应用十分广泛。目前，该电泳法已成为开展生物化学和分子生物学等研究工作的一种不可缺少的方法。

（二）电泳的基本原理

溶液中粒子必须带有净电荷才能在电场中移动，如果净电荷为零则不能移动。假设带电粒子为圆球形，根据 Stoke 定律，带电粒子在电场中的电泳速度可用下列公式表示：

$$\upsilon=\frac{EQ}{6\pi r\eta} \quad (1)$$

式（1）中，υ 为带电粒子的电泳速度（cm/s），Q 为带电粒子所带净电荷量（C），E 为电场强度（V/cm），r 为带电粒子半径（cm），η 为介质的黏度系数，6π 为球形带电粒子的经验常数。由此可见，带电粒子的电泳速度和粒子本身的性质、粒子带电荷量、粒子的大小、形状和电场强度有密切关系。所以，在一定电场强度下，不同种类的带电物质在电泳时，其电泳速度不完全一致，当移动一段时间后，便会集中到确定的位置上，呈现一条密集的区带，这种电泳速度的差异和致密区带的形成，就是区带电泳分析技术的基本原理。

为区别不同带电粒子的电泳特征，常采用电泳迁移率表示。电泳迁移率是指带电粒子在单位电场强度下的泳动速度（或泳动度），用 μ 表示，即：

$$\mu=\frac{\upsilon}{E} \quad (2)$$

式（2）中，υ 为带电粒子电泳速度，E 为电场强度。在实际测定中，电泳迁移率常用下式表示：

$$\mu=\frac{\upsilon}{E}=\frac{l/t}{E} \tag{3}$$

式（3）中，l 为带电粒子在 t 秒内的移动距离，t 为电泳时间（秒），因此电泳迁移率的单位为 $cm^2 s^{-1} V^{-1}$。不同的带电粒子具有不同的电泳迁移率，决定其具不同的电泳速度。因此，电泳迁移率是物质的常数，是电泳分析的主要依据。

影响带电粒子移动速度的因素主要包括带电颗粒的性质（大小、形状及所带静电荷等），电场强度（常压或高压），电泳系统中溶液的性质（缓冲液组成成分、离子强度、黏度）以及支持介质的性质等。因此，在进行电泳分析时，必须根据所分离样品性质、组成成分，通过反复试验，并严格控制最佳的电泳条件，才能保证样品分离的最佳效果。

目前在生物化学实验中最常用的是有支持介质的电泳技术，属于区带电泳类。根据使用的支持介质不同，可分为滤纸电泳、醋酸纤维素薄膜电泳、琼脂糖凝胶电泳、聚丙烯酰胺凝胶电泳等。此外，根据支持介质的装置形式不同又可分为水平式电泳、垂直板式电泳和垂直盘状电泳等。

电泳的一般操作程序包括支持介质的准备、加样、电泳、固定、染色、脱色、定性观察及定量测量等过程。

三、层析技术

层析技术（层析分离法）又称为色层分离法，因早期用于分离植物色素而得名，属于一类物理分离法。任何层析体系均由两项组成，一相为固定相，另一相为流动相。固定相可以是固体，也可以是液体，但此时的液体必须附载于某种固体物质上，该固体物质称为载体；流动相一般是液体或气体。由于混合物中各组分的吸附力、分子大小、分子形状、分子极性、分子亲和力、溶解度等理化性质不同，随流动相流经固定相时，不断进行着交换、分配、吸附、解吸等过程，产生了移动速度的差别，从而彼此分离。

层析分离法有多种。按照原理不同，可分为吸附层析、分配层析、离子交换层析、凝胶层析和亲和层析等；按照装置形式不同，可分为纸层析、薄层层析和柱层析等；按照流动相状态不同，可分为气相层析和液相层析等。现将几种层析分离法的原理简介如下：

（一）吸附层析

吸附层析是最早建立的一种层析分离法。当混合物各组分随流动相经固定相吸附剂时，在两相界面不断发生着吸附-解吸过程，由于吸附剂对各组分的吸附力不同，而使各组分彼此分离。吸附包括物理吸附和化学吸附，前者作用力为范德华力，吸附力小、无选择性、易解吸；后者作用力为化学键，吸附力大、有选择性、不易解吸。常用硅胶、氧化铝、活性炭、聚酰胺（俗称尼龙或锦纶）、聚苯乙烯、羟基磷灰石等作吸附剂，用液态烷、卤代烷、醇、醚、酮、有机酸等作洗脱剂。

（二）分配层析

分配层析是利用混合物各组分在互不混溶的两项溶剂中的分配系数不同而将其彼此分离的层析方法。分配系数是指某物质在两相溶剂中溶解达平衡时的浓度比。层析时，一般将极性溶剂（例如水）吸附在多孔的固体载体上作为固定相，有机溶剂作为流动相。载体常用滤纸、硅胶、硅藻土、纤维素粉、淀粉、微孔聚乙烯粉等制成。

（三）离子交换层析

离子交换层析以离子交换剂作为固定相，当流动相中的带点粒子流经固定相时，将固定相中的带同性电荷的粒子交换下来，而自身被固定结合。不同组分的离子交换能力不同，从而彼此可以分离。常用的离子交换剂有三类：①离子交换纤维素，如二乙基氨基乙基纤维素（DEAE-纤维素）、三乙基氨基乙基纤维素（TEAE-纤维素）、胍乙基纤维素（GE-纤维素）、羧甲基纤维素（CM-纤维素）等；②离子交换树脂，如聚苯乙烯阳离子交换树脂、聚苯乙烯阴离子交换树脂等；③离子交换葡聚糖凝胶，如二乙基氨基乙基葡聚糖凝胶（DEAE-Sephadex）、羧甲基葡聚糖凝胶（CM-Sephadex）等。洗脱液常用具有一定 pH 的酸类、碱类或盐类缓冲液。

（四）凝胶层析

凝胶层析是分子排阻过滤。凝胶层析所选用的支持物为凝胶颗粒，在由单体聚合成凝胶时，形成大分子交联的分子网络，故有分子筛之称。当混合物各组分随流动相流经凝胶颗粒时，分子直径大于凝胶网络孔径的组分不能进入凝胶颗粒，而从颗粒间的空隙流下，受到的阻力小，流动速度快；分子直径小于凝胶网络孔径的组分进入凝胶颗粒，经分子网络流下，所受阻力大，流动速度慢，据此可将分子大小和形状不同的组分分开。所有凝胶可分为两大类：①天然凝胶，如淀粉凝胶、琼脂凝胶、琼脂糖凝胶等；②人工合成凝胶，如聚丙烯酰胺凝胶（PAG）、交联葡聚糖凝胶（Sephadex）等。洗脱剂常用有机溶剂或具有一定 pH 的盐类缓冲液。

（五）亲和层析

亲和层析是利用生物大分子之间的专一亲和力而将混合物中不同组分分离的层析方法。具有专一亲和力的分子对可以是酶-底物（或竞争性抑制剂、辅助因子）、抗原-抗体、激素-受体、DNA-互补 DNA、DNA-互补 RNA 等。在分子对中，假如一方是将被分离的亲和物，另一方就称为配体。层析时要将配体结合于载体上，常用的载体有琼脂糖、聚丙烯酰胺凝胶等。将配体结合到载体上的方法，一般是先将载体功能基活化，再与配体以共价键结合。当流动相中待分离的亲和物流经固定相时，与配体专一性结合，其他杂质随流动相洗涤下来，然后再用洗脱剂将亲和物洗脱收集。

层析分离技术具有分离效果好、操作简便的优点，与检测系统和微机结合后，还可组成各种自动化的分离分析仪器，如高效气相色谱仪、高效液相色谱仪等，广泛用于化学物质和生物大分子的分离、分析。

四、聚合酶链反应技术

聚合酶链反应（po1ymerase chain rcaction，PCR）技术诞生于 1985 年，它是根据生物体内 DNA 复制的某些特点而设计的，是在体外对特定 DNA 序列进行快速扩增的一项新技术。

（一）PCR 的基本原理

PCR 是体外酶促合成、扩增特定 DNA 片段的一种方法。它有两个重要特性：一是能合成 DNA 的特定序列，二是特定序列的大量扩增。根据 DNA 的变性、复性的原理，将双链 DNA 加热至 94～100℃时，DNA 变性成两条单链 DNA，此单链 DNA 即为可用于合成互补链的模板。然而，新链合成的起始点必须有一小段引物引发聚合反应，PCR 反应中，两条人工合成的寡核苷酸引物与单链 DNA 模板中的一段互补序列结合，在适宜温度下，DNA 聚合酶即将 dNTP 中的脱氧单核苷酸加到引物 3′-OH 末端，并以此为起始点，沿模板以 5′→3′方向延伸，合成一条新的互补链。引物的位置将决定合成的 DNA 序列。

PCR 反应中，双链 DNA 的高温变性、引物与模板的低温退火和适温下引物延伸三个步骤反复循环。每一循环中所合成的新链，又都可以作为下一循环中的模板。PCR 的特定 DNA 序列产量随着循环次数呈指数增加，达到迅速大量扩增的目的，见图 2-3。

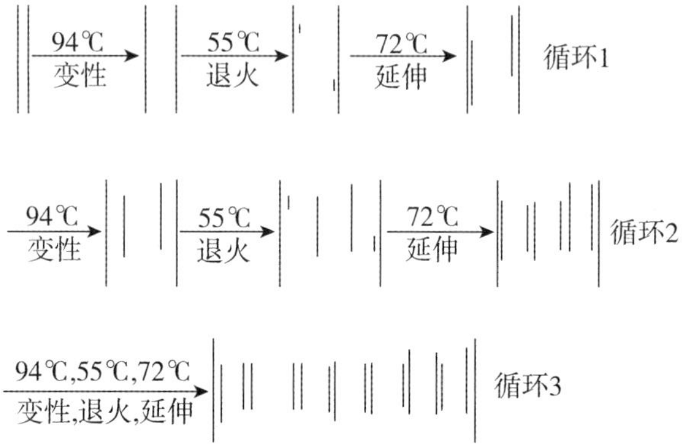

图 2-3 PCR 反应原理

（二）PCR 的基本反应体系

参与 PCR 反应的成分主要是模板 DNA、DNA 引物、dNTP、Taq DNA 聚合酶、酶反应缓冲液及必需的无机离子等。

1. 引物　引物是 PCR 特异反应的关键，取决于引物与模板 DNA 互补的程度。理论上，只要知道任何一段模板 DNA 序列，就能按其设计互补的寡核苷酸链做引物，利用 PCR 就可将模板 DNA 在体外大量扩增。

2. 酶浓度　目前有两种 Taq DNA 聚合酶供应，一种是从栖热水生菌中提纯的天然酶，另一种为在大肠埃希菌中合成的基因工程酶。催化一次典型的 PCR 反应的酶量约需 2.5U，浓度过高时可引起非特异性扩增，浓度过低则合成产物量减少。

3. dNTP 的质量　dNTP 的质量与浓度和 PCR 扩增效率有密切关系，dNTP 粉呈颗粒状，如保存不当易变性而失去生物学活性。

4. 模板核酸　模板 DNA 的量与纯化程度是 PCR 成败与否的关键环节之一。

（三）PCR 的应用

由于 PCR 技术具有快速、敏感、特异、操作简便、自动化等特点，在医学、法医、农业、环境保护等领域得到广泛应用。

五、离心技术

离心机是利用离心力对混合液进行分离和沉淀的一种专用仪器。利用离心机可使混合液中的悬浮微粒快速沉淀，借以分离比重不同的各种物质成分。此种分离技术称为离心技术。

离心机按每分钟转速（revolution per minute，r/min）不同可分为低速离心机（转速在 6000r/min 以下）、高速离心机（转速低于 25 000r/min）、超速离心机（转速在 30 000r/min 以上）。一般实验中所用的离心机是低速离心机。

使用离心机应按以下规程操作：

1. 检查离心机套管底部的垫子，若有沙粒或玻璃碎片等，必须清除干净，以免离心过程中发生破管。

2. 离心管内加液量不要过满，一般在管口下 2cm 处。

3. 金属套管与离心管之间须装水缓冲，以免互碰破碎。

4. 将对称的金属套管及离心管（内盛欲离心的液体）置于托盘天平上平衡。若不平衡，可调整缓冲水量。要注意对称离心管内的液体量不可相差过多，以免妨碍平衡、发生事故。每次离心操作都必须严格遵守操作规范，否则将会损坏离心机的部件。

5. 开动时，先开启开关，然后缓慢转动旋扭，使转速逐渐增加；或者根据机器操作提示进行操作。

6. 离心机工作时，机身应平衡，声音均匀，否则表示对称的物重量不等。若听到特殊响声，表明离心管可能破碎，应立即停止离心，清除破碎玻璃片，换上新管，按上述操作重新平衡、离心。若管未破碎，也需要重新平衡后再离心，以免损伤转轴。

7. 离心时间及速度按实验要求执行，离心时间一般不超过 30min 为宜。

8. 停止离心时，先调节旋钮进行减档降速，最后将旋钮拨到“0”，或者有定时装置的由机器自动控制停止。待离心机完全停止转动后，才能打开离心机盖取出样品。

（李桂霞）

实验三　蛋白质的沉淀反应

蛋白质分子在水溶液中可形成水化膜并带有表面电荷，使其易溶于水，当维持蛋白质溶液的稳定因素（水化膜和表面电荷）被破坏时，蛋白质即从溶液中沉淀析出。蛋白质的沉淀可分为可逆沉淀（非变性沉淀）和不可逆沉淀（变性沉淀）两大类。若是非变性沉淀，则除去沉淀剂后，蛋白质仍可溶解，恢复活性，如中性盐或低温下加入有机溶剂沉淀蛋白质；若是变性沉淀，则沉淀剂不易除去，沉淀的蛋白质常不能再溶解，如重金属盐、生物碱试剂或加热沉淀蛋白质等。

一、中性盐沉淀蛋白质

【原理】

当在蛋白质溶液中加入中性盐如 $(NH_4)_2SO_4$、$MgSO_4$ 或 NaCl 时，则蛋白质沉淀析出，称为盐析作用。盐析作用包括两个过程：①大量电解质破坏了蛋白质的水化膜而出现沉淀；②电解质中和了蛋白质分子所带的电荷而沉淀。

中性盐能否沉淀各种蛋白质，取决于中性盐浓度、蛋白质的种类、溶液的 pH 以及蛋白质的胶体颗粒。颗粒大者比颗粒小者易沉淀析出，如球蛋白多在半饱和 $(NH_4)_2SO_4$ 溶液中析出，而白蛋白则常在饱和 $(NH_4)_2SO_4$ 溶液中析出。由于盐析沉淀蛋白质往往不引起变性，常被用于分离各种天然蛋白质。

【试剂】

1. 5%蛋白质溶液　将鸡蛋清用水稀释 20 倍，用纱布过滤。

2. $(NH_4)_2SO_4$ 饱和溶液　$(NH_4)_2SO_4$ 在水中的溶解度是 74.4g/100ml 水（20℃）。配制时需称取过量的 $(NH_4)_2SO_4$，使溶液中有固体 $(NH_4)_2SO_4$ 析出，即为饱和溶液。

【操作】

1. 取一试管，加入 3ml 5%蛋白质溶液及 3ml 饱和 $(NH_4)_2SO_4$ 溶液，摇匀，静止数分钟则有蛋白质析出。此为何种蛋白质？

2. 将以上试管内容物过滤，滤液中加固体 $(NH_4)_2SO_4$（约 0.05g/ml），使之达到饱和，注意边加边振摇。此时析出的蛋白质为何种蛋白质？

3. 取上述浑浊液 1ml 加水 2ml，观察是否复溶？

二、乙醇沉淀蛋白质

【原理】

乙醇能够破坏蛋白质的胶体性质，使蛋白质沉淀。在室温下，乙醇和蛋白质接触较久后，可使之变性，形成不可逆的沉淀反应。但在低温下，沉淀的蛋白质可不变性。

【试剂】

1. 5%蛋白质溶液

2. 95%乙醇

【操作】

1. 取试管 4 支，按下表操作：

试剂	试管			
	1	2	3	4
5%蛋白质溶液（ml）	1	1	1	—
95%乙醇（滴）	—	—	—	2
1%乙酸（ml）	—	2	—	—

2. 将 3 号和 4 号两试管置于冰水中，使之冷却 5min，然后将第 4 管之冰乙醇倒入第 3 管中并混匀。同时使 1、2 管混匀，观察两管情况并立即向两管内各加蒸馏水 10ml，混匀。比较各管的变化并解释。

三、重金属盐沉淀蛋白质

【原理】

蛋白质溶液的 pH 高于等电点时，蛋白质以阴离子形式存在。蛋白质此时与重金属盐类（铅、铜、银、汞及锌）结合成不溶于水的蛋白质重金属盐，并从溶液中沉淀出来。

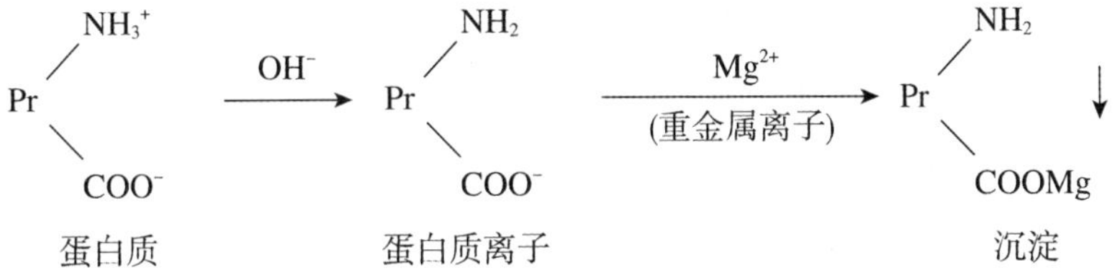

这种沉淀作用和盐析作用所不同的是，所需重金属盐浓度较小，必须在碱性条件下进行，沉淀是不可逆的。蛋白质的这一特性，可用于临床治疗，如因误食入汞、铅盐或银盐而中毒者，在这些毒物尚未吸收前可用鲜牛奶或生鸡蛋清解毒。

【试剂】

1. 5%蛋白质溶液：同上
2. 10%$CuSO_4$溶液
3. 1%乙酸
4. 3%$AgNO_3$溶液

【操作】

取试管 4 支，按下表操作：

试剂（ml）	试管			
	1	2	3	4
5%蛋白质溶液	5	5	5	5
1%乙酸	—	—	2	2
10% $CuSO_4$ 溶液	3	—	3	—
3% $AgNO_3$ 溶液	—	3	—	3

观察各管的变化，并解释之。

四、生物碱沉淀蛋白质

【原理】

蛋白质溶液的 pH 小于等电点时，蛋白质分子带有较多的正电荷，它能与生物碱试剂的负离子结合产生沉淀。

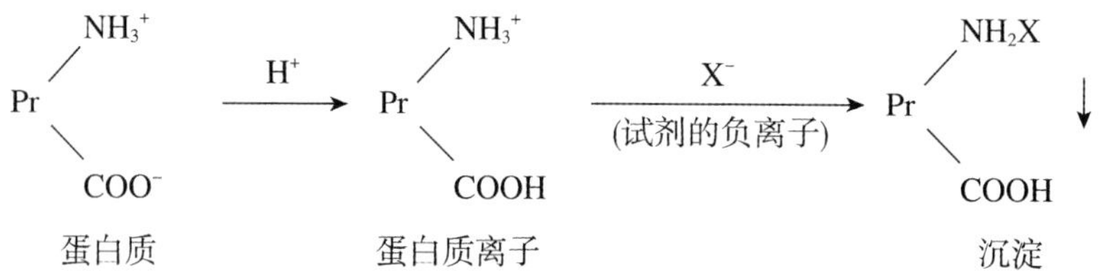

此沉淀常可在碱性溶液中再溶解。这类生物碱试剂主要有钨酸、苦味酸及鞣酸等。

【试剂】

1. 5%蛋白质溶液
2. 1%乙酸
3. 饱和苦味酸溶液：约为 1.3%的溶液
4. 10%鞣酸溶液

【操作】

1. 取试管 2 支，各加入 5%蛋白质溶液 1ml 及 1%乙酸 2～3 滴，使其呈酸性。
2. 于上述 2 支试管中分别加入苦味酸溶液及鞣酸溶液数滴，观察结果并解释。

五、加热沉淀蛋白质

【原理】

几乎所有蛋白质都可因加热而凝固，这是由于温度升高，破坏了蛋白质分子内部的化学键而引起的蛋白质变性所致。

蛋白质在其等电点时不带有电荷（或带有等量的正负电荷），此时加热蛋白质溶液则容易出现沉淀。在酸性或碱性溶液中，蛋白质分子带有正电荷或负电荷，较为稳定，此时若温度升高，蛋白质虽变性并不出现沉淀。在冷却后，加酸或加碱调节 pH 达蛋白质的等电点时，则有沉淀析出。

【试剂】

1. 5%蛋白质溶液

2. 1%醋酸

3. 10%醋酸

4. 10%NaOH 溶液

【操作】

1. 取试管 4 支，编号，按下表操作：

试剂（ml）	试管			
	1	2	3	4
5%蛋白质溶液	20	20	20	20
1%醋酸	—	10	—	—
10%醋酸	—	—	10	—
10%NaOH 溶液	—	—	—	10

2. 将 4 支试管同时放入沸水浴中加热，观察并记录各试管出现的现象，解释变化原因。

3. 取出试管，冷却后于第 3 试管中慢慢滴入 10%NaOH 溶液，并观察现象。

4. 向第 4 管中慢慢滴入 10%醋酸，并观察现象。

（李　阁）

实验四　蛋白质等电点的测定

【原理】

在等电点时，蛋白质的许多理化性质与远离等电点时有所区别。例如：溶解度显著降低则是其中之一。本实验使酪蛋白处于不同 pH 的缓冲溶液中，根据蛋白质在等电点时溶解度最小的原理，观察沉淀的多少，测得酪蛋白的等电点。

【试剂】

1. 0.01mol/L 醋酸液

2. 0.1mol/L 醋酸液

3. 1.0mol/L 醋酸液

4. 0.5%酪蛋白醋酸钠溶液：取酪蛋白 0.25g，置于 50ml 烧杯中，加水约 20ml，1mol/L NaOH 5ml，待酪蛋白完全溶解后（可加热促溶），加入 1 mol/L 醋酸 5ml，移入 50ml 容量瓶内，蒸馏水稀释至刻度，混匀。

【操作】

1. 取试管 4 支，编号，按下表操作：

试剂	试管			
	1	2	3	4
蒸馏水（ml）	8.40	8.70	8.00	7.40
0.01mol 醋酸液（ml）	0.60	—	—	—
0.1mol 醋酸液（ml）	—	0.30	1.00	—
1.0mol 醋酸液（ml）	—	—	—	1.60
pH	5.90	5.30	4.70	3.50

2. 将各管混匀后，再在各管加入酪蛋白的醋酸钠溶液 1.0ml（加一管，摇一管，观察沉淀的发生，静置 10min 后再观察沉淀情况）。沉淀最多而上清液显得最清亮的一管，其 pH 即为酪蛋白的等电点。

3. 酪蛋白的等电点为 pH4.55～4.7。

（韩　冰）

实验五　紫外吸收法测定蛋白质含量

【原理】

蛋白质分子中酪氨酸和色氨酸等芳香族氨基酸含有共轭双键的苯环，因此，蛋白质都有吸收紫外线的性质，吸收峰在波长 280nm 处。在一定的浓度范围内吸光密度（A_{280}）与其浓度成正比关系，据此可定量测定蛋白质溶液浓度。

核酸的碱基——嘌呤与嘧啶也含有共轭双键，因此也有紫外吸收特性，但吸收峰在波长 260nm 处。若蛋白溶液中混有核酸成分时，可利用 A_{280} 与 A_{260} 的吸收差来计算蛋白质的浓度。

经验公式：蛋白质溶液浓度（mg/L）$=1.45\times A_{280}-0.74\times A_{260}$

【试剂】

1. 标准蛋白质溶液
2. 生理盐水
3. 紫外分光光度计

【操作】

（一）制作标准曲线

1. 标准蛋白质溶液　任选一种蛋白质溶液，经凯氏定氮法测定蛋白质的含量，用生理盐水稀释至浓度为 1mg/ml。

2. 取试管 6 支，按下表操作：

试剂	试管					
	1	2	3	4	5	6
标准蛋白质溶液（ml）	0.5	1.0	1.5	2.0	2.5	0
生理盐水（ml）	3.5	3.0	2.5	2.0	1.5	4.0
蛋白质浓度（mg/ml）	0.125	0.25	0.375	0.5	0.625	0
A_{280}						

混匀，盛于石英杯中，用紫外分光光度计，以第 6 管调零点，在 280nm 波长下测定各管光密度，以各管的光密度值为纵坐标，以蛋白质浓度为横坐标，绘制标准曲线。

（二）标本的测定

用生理盐水将待测标本的蛋白质浓度稀释成大约 1mg/ml，取 1.0ml 加生理盐水 3.0ml，混匀，按上述方法测其 A_{280}，查标准曲线得出蛋白质的浓度。

（三）紫外吸收差法

测 A_{280} 和 A_{260}，据经验公式求蛋白质溶液浓度，与标准曲线法进行比较。

（李　阁）

实验六　双缩脲法测定蛋白质含量

【原理】

双缩脲（$H_2N—CO—NH—CO—NH_2$）分子中含有两个肽键，在碱性溶液中能与硫酸铜作用，生成紫色或紫红色复合物，这一反应称为双缩脲反应，此试剂称为双缩脲试剂。不仅双缩脲有此反应，凡含有两个或两个以上肽键的化合物均可与双缩脲试剂呈现双缩脲反应。

蛋白质是由许多氨基酸通过肽键连接起来的，因而蛋白质均可与双缩脲试剂发生颜色反应，且颜色的深浅与蛋白质的浓度成正比。因此，可用比色法测定蛋白质的含量。此反应除可用于蛋白质、多肽的定量测定外，由于氨基酸不呈现此反应，故还可用于检查蛋白质水解程度。

【试剂】

1. 双缩脲试剂　称取 $CuSO_4 \cdot 5H_2O$ 2.5g，加蒸馏水 100ml，加热助溶。另取酒石酸钾钠 10g、碘化钾 5g，溶于 500ml 水中，再加 200g/L NaOH 300ml 混合，然后将 $CuSO_4$溶液倾入，加蒸馏水至 1000ml，此液可长期保存。

2. 生理盐水

【操作】

（一）标准曲线的绘制

1. 将已知浓度的蛋白质溶液，用生理盐水准确稀释至 10g/L 溶液。

2. 取小试管 6 支，按下表操作：

试剂	试管					
	1	2	3	4	5	6
10g/L 标准蛋白质溶液（ml）	0.1	0.3	0.5	0.7	0.9	—
生理盐水（ml）	0.9	0.7	0.5	0.3	0.1	1.0
双缩脲试剂（ml）	4.0	4.0	4.0	4.0	4.0	4.0
蛋白质浓度（g/L）	1.0	3.0	5.0	7.0	9.0	—

混合后于 37℃水浴中放置 15min，在 520nm 波长处比色。以第 6 管调零点，测得各管光密度，以各管光密度值为纵坐标，以蛋白质浓度为横坐标绘成标准曲线。

（二）样品的测定

取血清（或其他蛋白质溶液）0.1ml，加生理盐水 0.9ml，再加双缩脲试剂 4.0ml，于 37℃水浴 15min，按上法测其光密度，根据光密度值查标准曲线即得出每升血清（样品）的蛋白质含量（g/L）。

（韦　岩）

实验七　血清蛋白质醋酸纤维素薄膜电泳

【原理】

带电粒子在电场中移动的现象称为电泳。

血清中各种蛋白质都有它固定的等电点，各种蛋白质在各自的等电点时呈电中性状态，此时它的分子所带正电荷量与所带负电荷量相等。将蛋白质置于比其等电点高的缓冲液中，它们将带负电荷，在电场中均向正极泳动。反之，则带有正电荷，在电场中向负极移动。由于血清中各种蛋白质的等电点不同，在同一溶液中带电荷量多少有差异，蛋白质的分子量大小也不同，所以在同一电场中移动速度也不同。分子小、带电荷多的蛋白质移动速度较快；分子大、带电荷少的移动较慢。按其泳动速度可将血清蛋白质分成5条区带，从正极端起依次为清蛋白（A）、α_1-球蛋白、α_2-球蛋白、β-球蛋白、γ-球蛋白。

【器材】

1. 电泳仪　选用电子管整流的电泳仪，电压0～600V，电流0～300mA。

2. 电泳槽　选购或自制适合醋酸纤维素薄膜的电泳槽。电泳槽的膜面空间与醋酸纤维素薄膜面积之比应为$5cm^3/cm^2$，电极用铂（白金）丝。

3. 加样用盖玻片或微量加样器。

4. 分光光度计。

5. 醋酸纤维素薄膜（规格为2cm×8cm）。

【试剂】

1. 巴比妥-巴比妥钠缓冲液（pH8.6±0.1）　称取巴比妥2.21g、巴比妥钠12.36g于500ml蒸馏水中，加热溶解，冷却至室温后，再用蒸馏水补足至1L。

2. 染色液

（1）丽春红S染色液：称取丽春红S 0.4g及三氯醋酸6g，用蒸馏水溶解，并稀释至100ml。

（2）氨基黑10B染色液：称取氨基黑10B 0.1g，溶于无水乙醇20ml中，加冰醋酸5ml、甘油0.5ml，使其溶解。磺柳酸2.5g溶于少量蒸馏水中，然后加入前液，最后以蒸馏水补足至100ml。

3. 漂洗液

（1）3%（V/V）醋酸溶液　适用于丽春红染色的漂洗。

（2）甲醇45ml、冰醋酸5ml和蒸馏水50ml混匀。适用于氨基黑10B染色的漂洗。

4. 透明液　冰醋酸25ml、无水乙醇75ml。

5. 浸出液　0.4mol/L氢氧化钠溶液。

【操作】

1. 将缓冲液加入电泳槽内，调节两侧槽内的缓冲液使其在同一水平面。

2. 准备　取醋酸纤维素薄膜（规格：2cm×8cm）在毛面（无光泽面）的一端（负极侧）1.5cm处，用铅笔轻画一横线，做点样标记，编号，并标明正、负极后，将醋酸纤维素薄膜置于巴比妥-巴比妥钠缓冲液中浸泡，待充分浸透后用镊子取出（一般约20min），夹于两层滤纸间吸去多余的缓冲液。

3. 点样　在醋酸纤维素薄膜毛面上铅笔标记处，用盖玻片蘸新鲜血清印一条直线（或用微量吸管直线状滴加 2～3μl 血清），等渗入膜内再移开。

4. 反转薄膜，使光面向上平直地贴于电源槽的支架上并拉直，用四层纱布将膜的两端与缓冲液连通，稍等片刻。

5. 接通电源，注意醋酸纤维素薄膜正、负极，切勿接错，电压 90～150V，电流 0.4～0.6mA/cm 宽（不同的电泳仪所需电压、电流可能不同，应灵活掌握），夏季通电 45min，冬季通电 60min，待电泳区带展开 25～35mm 后即可关闭电源。

6. 染色　通电完毕，取下膜条直接浸入丽春红 S 或氨基黑 10B 染色液中，染色 5～10min（以白蛋白带染透为止），然后在漂洗液中漂去剩余染料，直至背景无色为止。

7. 定量　取试管 6 支，编好号码，分别加入 0.4mol/L 氢氧化钠 4ml。将漂净的薄膜吸干，剪下薄膜上各条蛋白色带，另取一条与各区带近似宽度的无蛋白附着的空白薄膜，将各条分别浸于上述试管内，不时摇动，使色泽浸出，约半小时后，用分光光度计于 590～620nm 波长处比色，以空白膜条洗出液为空白对照，测各管光密度为 A、α_1、α_2、β、γ。计算按下列方法：

光密度总和 $T=A+\alpha_1+\alpha_2+\beta+\gamma$

清蛋白（%）＝A/T×100%

α_1-球蛋白（%）＝α_1/T×100%

α_2-球蛋白（%）＝α_2/T×100%

β-球蛋白（%）＝β/T×100%

γ-球蛋白（%）＝γ/T×100%

【结果】

氨基黑 10B 染色，将洗脱比色法计算结果填于下表：

蛋白质组分	g/L	占总蛋白质百分比
清蛋白		
α_1-球蛋白		
α_2-球蛋白		
B-球蛋白		
γ-球蛋白		

【注意事项】

1. 保持薄膜清洁，勿用手指接触薄膜表面，以免沾上油污或污物，影响电泳通路。

2. 电泳槽里的缓冲液要保持清洁（几天滤过一次），两极溶液要经常交替使用，最好将连接正、负极的线路调换使用。

3. 电泳槽两边的缓冲液的液面要保持在同一水平上。

【临床意义】

1. 正常值　清蛋白 57%～72%，α_1-球蛋白 2%～5%，α_2-球蛋白 4%～9%，β-球蛋白 6%～12%，γ-球蛋白 10%～20%。

2. 血清蛋白含量变化的原因　白蛋白主要在肝中合成，清蛋白的降低多因蛋白质摄入不足或大量丢失、吸收利用不良或合成障碍所致。许多疾病出现白蛋白降低，可能是多种原因引起的。球蛋白的增加可能与发热有关；β-球蛋白增加常伴随血中脂蛋白或脂质的增加，γ-球蛋白主要含有抗体成分，在许多慢性感染疾病可见其增加。

3. 主要疾病时的血清蛋白电泳变化

（1）肝病：如肝硬化时，总蛋白、白蛋白降低，γ-球蛋白增加；传染性肝炎时，α_1-球蛋白降低，γ-球蛋白增加。

（2）肾病：肾病时 α_2-球蛋白增加，慢性肾小球肾炎时白蛋白降低。

（3）胶原病：如播散性红斑狼疮，白蛋白降低，γ-球蛋白增高；类风湿关节炎时白蛋白明显降低，α_2及γ-球蛋白略高。

（4）多发性骨髓瘤：白蛋白降低，球蛋白总值增加，并可能在β与γ-球蛋白之间出现异常的M球蛋白。

（5）白血病及淋巴瘤：淋巴性白血病及淋巴瘤γ-球蛋白降低；粒细胞及单核细胞白血病γ-球蛋白增加。

（6）低γ-球蛋白症：γ-球蛋白降低。

（张凤英）

实验八　氨基酸薄层层析

【原理】

薄层层析是一种微量而快速的层析方法，它把吸附剂或支持剂（如硅胶、氧化铝）涂于玻璃板上成一薄层，把分析的样品滴加到薄层上，然后用适合的溶剂进行展开，从而达到分离、鉴定和定量的目的。因为层析是在吸附剂的薄层上进行的，所以称为薄层层析。

吸附剂对不同的物质吸附能力不同，而不同的物质在溶剂中的溶解度也不同，所以薄层层析的过程也就是吸附、溶解相互作用的过程。某物质被吸附的作用强，被溶解的作用弱，移动得就慢；反之，移动得就快。因此，选用适当的吸附剂做薄层，经过溶媒的展开，就可以把混合物分离。在固定条件下，某物质的移动距离也是一定的。

各种氨基酸含有各种不同的基团或者功能基，具有不同的酸碱性，故对吸附剂的吸附、溶媒的溶解作用也各有特点。氨基酸的薄层层析就是利用氨基酸的这些特点，对氨基酸进行分离、鉴定和识别。

本实验是以硅胶 G（硅胶加石膏）为吸附剂，以正丁醇、冰乙酸、水为展开剂分离氨基酸。

【试剂】

1. 硅胶 G。

2. 氨基酸溶液（见实验九“氨基酸的纸上层析”）。

3. 展开剂　正丁醇∶冰乙酸∶水（4∶1∶1）临时配制。

4. 0.1%茚三酮乙醇溶液。

【操作】

1. 铺板　取 20cm×5cm 的光滑洁净玻璃板一块，厚约 2cm。水平放置，倒上调好的硅胶 G（3g 硅胶，加 0.5%羧甲基纤维素钠 8ml），震动玻璃板，使硅胶 G 均匀涂布于上。室温干燥 30min 后置 105℃烘箱内烘烤 20min 备用。

2. 点样　用铅笔在距硅胶板一端的 2cm 处划点样标记（间距不少于 1cm），分别用毛细玻璃管吸附酪氨酸、甘氨酸、亮氨酸以及三者的混合液少许，分别点于标记的四个点上，每个点的直径不超过 5mm，吹干。

3. 展开及显色　将点样薄板置于层析缸内的展开剂中，密封。经过 1～2h 后，当展开剂的前沿距薄板顶端 2cm 高度时，将薄板自层析缸内取出，用吹风机吹开。喷茚三酮溶液，在 105℃烘箱烘至板上斑点显出。注意斑点的位置，并计算各斑点的 Rf 值。

$$\mathrm{Rf}=\frac{\text{色斑中心至原点中心的距离}}{\text{溶剂前缘至原点中心的距离}}$$

（赵家坤）

实验九　氨基酸的纸上层析

【原理】

纸层析法是应用最广泛的一种分配层析。分配层析是利用混合物在两种或两种以上的不同溶剂中的分配系数不同，而使物质分离的方法。如用带水的载体作固体相，加入与水不相混合或仅部分混合的溶剂作为流动相，则混合物各组分在两相间发生不同的分配现象而逐渐分开，形成色层。

纸层析法以滤纸为载体，滤纸上吸附着水（含20%～22%），是常用的固定相，某些有机溶剂为流动相。把欲分离的物质加在距圆心一定距离的同心圆上，使流动剂由中心向四周扩散，这样在两相之间发生分配现象。由于物质分配系数不同，就逐渐在纸上集中于不同的部位。在固定相中分配趋势较大的成分，随流动相移动的速度就慢。反之，在流动相分配趋势较大的部分，移动速度就快。物质在纸上移动的速率可以用Rf表示：

$$Rf=\frac{\text{色斑中心至原点中心的距离}}{\text{溶剂前缘至原点中心的距离}}$$

在一定条件下，某种物质的Rf值是常数。

一、氨基酸水平型纸层析

【操作】

1. 取直径比培养皿稍大的滤纸一张，用圆规在距滤纸外缘1cm处为半径画圆，画圆时不可折叠滤纸，将此圆的圆周分成四等分，并做好标记（图9-1）。

2. 将滤纸平放在干净且干燥的培养皿上，在画好的圆周四等分处，分别用干净的毛细管小心点样，样品直径不得超过0.5cm，用吹风机吹干或在空气中自然干燥。

3. 取一长2cm、宽1cm的同一原料的滤纸条，将其一端剪成条状，卷起来即成纸芯。然后在滤纸的圆心处穿一小孔，孔口大小恰好使纸芯插入，既不松，也不紧，然后剪去纸芯之上端尽量与纸面相齐，下端刚好接触培养皿底为宜。

4. 取下滤纸，将展开剂10ml沿玻璃棒慢慢倒入培养皿中（培养皿中央液深约2cm）。再将小滤纸放置如前，并迅速用同样大小的培养皿严密覆盖于上（图9-2）。

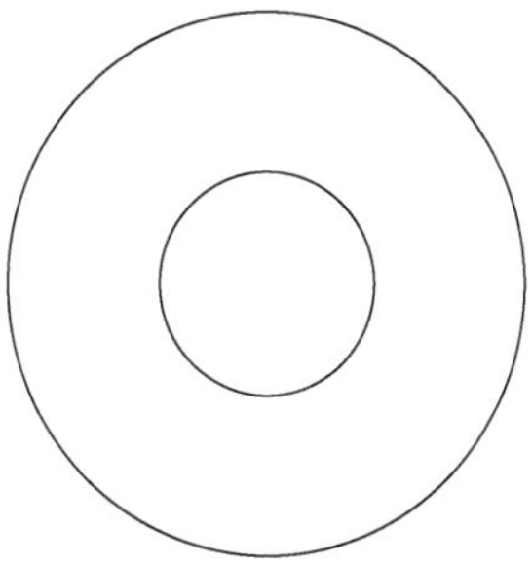

图9-1　层析圆形滤纸

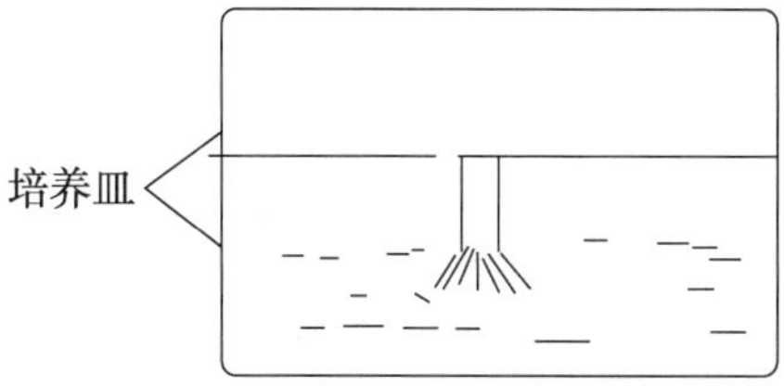

图9-2　滤纸层析示意图

5. 当溶剂展开至接近培养皿边缘时，取出滤纸、拔出纸芯、迅速用铅笔划下溶剂前沿的位置，再用吹风机吹干或室温晾干。将上述滤纸平放于培养皿上，用喷雾器喷上0.1%茚三酮溶液，再用吹风机或60℃干燥箱干燥之，此时可见紫色的色斑出现。用铅笔标记各色斑中心，测量并计算出各氨基酸的Rf值，比较Rf值，确定混合氨基酸的成分。

【试剂】

1. 甘氨酸（丙氨酸）　甘氨酸20mg，溶于5ml蒸馏水中。

2. 亮氨酸　亮氨酸50mg，溶于5ml蒸馏水中，滴加6mol/L盐酸促溶。

3. 酪氨酸　酪氨酸50mg，溶于5ml蒸馏水中，滴加6mol/L盐酸促溶。

4. 氨基酸混合液　甘氨酸10mg、酪氨酸15mg、亮氨酸5mg，共溶于1ml蒸馏水中，滴加6mol/L盐酸1～3滴。

5. 0.1%茚三酮乙醇溶液。

6. 展开剂　正丁醇∶醋酸∶水为4∶1∶5的体积比混合。混匀后，放置半天，取上层液备用。

二、氨基酸垂直型纸层析

【原理】

同氨基酸水平型纸层析。

【试剂】

同氨基酸水平型纸层析。

【操作】

1. 取大试管3支，各加入展开剂4ml，密闭使试管内达到饱和状态。

2. 将3条滤纸（新华1号滤纸15cm×1.5cm）剪成如图9-3所示的样式，在距下端1.5cm处，用铅笔轻画一条线。于此线中间用细玻璃棒滴上氨基酸混合液一小滴（液滴直径不超过1.5cm）在空气中自然风干。

3. 将滤纸的一端用图钉钉在一软木塞上，放入盛有展开剂的试管中，使滤纸的下端尖部接触液体，将木塞塞进，约经2h，待溶剂上行接近顶端时，取出滤纸，用铅笔在溶剂上升前沿处画一直线，待溶剂自然蒸发至干。

4. 在滤纸上均匀喷洒茚三酮溶液，然后置60～70℃烤箱内烤干，即时显色。由斑点位置识别为哪一种氨基酸，见图9-4。

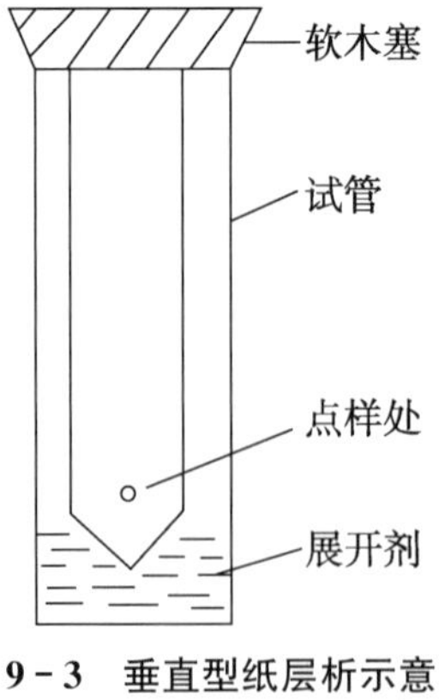

图9-3　垂直型纸层析示意图

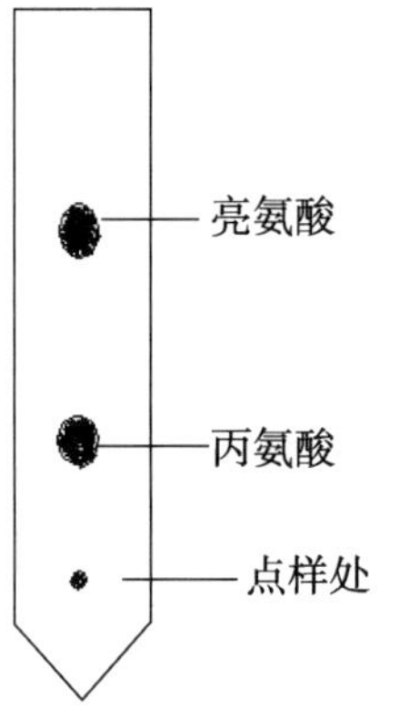

图9-4　纸层析滤纸

（张凤英）

实验十　动物组织中核酸的提取和含量测定

一、核酸的提取

【原理】

生物体内核酸多以核蛋白形式存在于组织细胞中，可根据核糖核蛋白和脱氧核糖核蛋白在不同浓度电解质中溶解度有明显差异而进行分离。如在 0.14mol/L 氯化钠溶液中，核糖核蛋白溶解度较大，而脱氧核糖核蛋白溶解度仅为在水中溶解度的 1%，在 1mol/L 氯化钠溶液中脱氧核糖核蛋白的溶解度比在水中的溶解度大两倍。因此常用 0.14mol/L 氯化钠溶液提取核糖核蛋白，此时脱氧核糖核蛋白在 pH4.2 时溶解度最低，而与核糖核蛋白分离。此外，两种核蛋白的溶解度与 pH 有关，脱氧核糖核蛋白在 pH4.2 时溶解度最低，而核糖核蛋白在 pH2.0～2.5 时溶解度最低，调节溶液的 pH 也可促使两者的分离。加入蛋白质变性沉淀剂如三氯甲烷-异丙醇、十二烷基磺酸钠等，有助于除去蛋白质。此时经离心，溶液分为上、中、下三层，三氯甲烷比重大，在下层，中层为变性蛋白质，上层为核酸溶液，再利用核酸不溶于乙醇等有机溶剂的性质，使其从溶液中析出。

动物组织中含有核酸酶，在一定温度下可被 Mn^{2+}、Fe^{2+}、Ca^{2+} 等离子激活，为避免该酶对核酸的水解作用，可在核酸提取液中加入适量螯合剂（如 EDTA、枸橼酸），以除去这些离子，降低核酸酶的活性，整个分离提取过程应在低温下进行。

【器材】

1. 匀浆器
2. 离心机及离心管
3. 试管及吸管

【试剂】

1. 1mol/L NaCl
2. 0.14mol/L NaCl
3. 95%乙醇

【操作】

1. 取新鲜肝组织，用冰冷的生理盐水洗去表面的血液，称重、剪碎，放入匀浆器中，加入 0.14mol/L NaCl 制成 20%的匀浆。

2. 取匀浆 5ml，离心 3000r/min 20min，溶液分为两层，用滴管吸取上清液（核糖核蛋白提取液）于另一离心管中（欲定量测定，必须用 0.14mol/L NaCl 重复提取 2 次，合并上清液），待进一步提取。在下层沉淀中，加入 2 倍体积 1mol/L NaCl，搅匀，置冰箱过夜或室温下放置 5～6h，待进一步提取 DNA。

3. 在核糖核蛋白提取液中，加等体积三氯甲烷-异丙醇混合液，振摇 10min，离心 3000r/min 15min，此时溶液分为 3 层，用滴管吸取上清液于另一试管中（欲定量测定，必须用 0.14mol NaCl 洗 2 次，合并上清液），加 1.5～2.0 倍体积预冷的 95%乙醇，轻轻搅拌，离心 15min，弃上层乙醇液，重复洗涤 2 次。沉淀为 RNA 制品，加 2ml 0.14mol/L NaCl 溶解，此为 RNA 提取液，留待鉴定或定量测定。

4. 将放置过夜的1mol/L NaCl 匀浆混悬液离心5000r/min 20min，用滴管吸取上层脱氧核糖核蛋白提取液（欲定量测定，必须用1mol/L NaCl重复2次，合并上清液），加等体积三氯甲烷-异丙醇混合液，振摇10min，离心3000r/min 15min，弃沉淀。

5. 用滴管吸取上清液于另一试管中，加入1.5～2.0倍体积预冷的95%乙醇，边加边用玻棒搅拌，此时纤维状的DNA缠绕在玻棒上出现乳白色絮状沉淀，再离心15min，弃上清液，用乙醇重复洗涤2次，沉淀即为DNA制品，用1mol/L NaCl 2ml溶解之，此为DNA提取液，留待鉴定或定量测定。

二、核酸含量的测定（测糖法）

【原理】

RNA分子中的核糖在强酸中加热，脱水转变成糠醛，后者在三氯化铁存在下，与3，5-二羟甲苯（地依酚）缩合成绿色化合物，其最大吸收波长670nm。RNA溶液的浓度在20～200μg/ml时，光密度与浓度呈线性关系，从而进行定量。

$$\text{核糖}\xrightarrow{HCl}\text{糠醛}+H_2O$$

$$\text{糠醛}+3,5\text{-二羟甲苯}\xrightarrow{FeCl_3}\text{绿色化合物}$$

DNA分子中的脱氧核糖在浓酸中加热，脱水转变成ω-羟基γ-酮基戊醛，后者与二苯胺作用，生成蓝色化合物，在600nm波长比色，进行定量测定。

$$\text{脱氧核糖}\xrightarrow{\text{浓酸}}\omega\text{-羟基}\gamma\text{-酮基戊醛}\xrightarrow{\text{二苯胺}}\text{蓝色化合物}$$

【试剂】

1. 地依酚试剂　称取100mg地依酚，溶于浓盐酸中，再加入100mg $FeCl_3 \cdot 6H_2O$。此试剂应在使用前新鲜配制。

2. 二苯胺试剂　称取1.5g二苯胺（如不纯，须在70%乙醇中重结晶2次），溶于100ml冰醋酸（AR）中，再加入浓H_2SO_4 1.5ml，摇匀，贮存在棕色瓶中放冰箱内保存备用。

（1）RNA标准液（1μg/ml）

（2）DNA标准液（50μg/ml）

【操作】

（一）RNA的定量测定

1. 标准曲线的绘制　取试管6支，标号，按下表操作：

试剂	试管					
	1	2	3	4	5	6
RNA标准液（ml）	0.4	0.8	1.2	1.6	2.0	0
蒸馏水（ml）	1.6	1.2	0.8	0.4	0	2.0
地依酚试剂（ml）	2.0	2.0	2.0	2.0	2.0	2.0
RNA含量（μg）						

混匀，置沸水浴中加热 10min，取出冷却，在 670nm 波长下以第 6 管调零点测定各管光密度，以光密度为纵坐标，RNA 含量为横坐标作图。

2. 标本的测定　取 1.0ml 提取液（RNA 含量在 10～100μg）置试管内加蒸馏水 1.0ml，再加地依酚试剂 2.0ml，沸水浴中加热 10min，冷却，测其光密度，从标准曲线中查得 RNA 含量。

【计算】

从标准曲线中查得 RNA 含量，可根据下式计算出每克肝组织中的 RNA 含量。

$$\text{肝组织中 RNA 含量}(\mu g/g\text{ 肝组织})=\text{曲线查得 RNA}(\mu g)\times\frac{4}{\text{提取液 }1.0ml}\times\text{稀释倍数}\times\frac{1}{\text{肝组织重量}}$$

（二）DNA 的定量测定

1. 标准曲线的绘制　取试管 6 支，标号，按下表操作：

试剂	试管					
	1	2	3	4	5	6
DNA 标准液（ml）	0.2	0.4	0.6	0.8	1.0	0
0.5mol/L 过氯酸（ml）	0.8	0.6	0.4	0.2	0	1.0
二苯胺试剂（ml）	2.0	2.0	2.0	2.0	2.0	2.0
DNA 含量（μg）						

混匀，置沸水浴中加热 10min，取出冷却，在 670nm 波长下以第 6 管调零点测定各管光密度，以光密度为纵坐标，DNA 含量为横坐标作图。

2. 标本的测定　取 0.5ml 提取液置试管中，加 0.5mol/L 过氯酸，再加二苯胺试剂 2.0ml，置沸水浴中加热 10min，取出冷却，测其光密度，从标准曲线查得 DNA 量（μg）。

【计算】

从标准曲线中查得 DNA 含量，可根据下式计算出每克肝组织中的 DNA 含量。

$$\text{肝组织中 DNA 含量}(\text{微克/克肝组织})=\text{曲线查得 DNA 量}(\mu g)\times\frac{4}{\text{提取液 }0.5ml}\times\text{稀释倍数}\times\frac{1}{\text{肝组织重量}}$$

（刘观昌）

实验十一　核酸化学成分的鉴定

【原理】

（一）核酸是由核糖、磷酸、碱基所组成。

本实验采用酵母为样品。酵母核酸中 RNA 含量较多，DNA 少于 2%，故鉴定脱氧核糖时颜色反应较弱。核酸在强酸中水解，主要释放嘌呤碱，嘧啶碱很难在同类条件下水解释放，因此不做嘧啶碱的测定。

（二）RNA 在碱性溶液中水解最好，在强酸中也可部分水解。

由于脱氧核糖、核糖仍需在强酸中缩水变成相应的糖醛才可被鉴定，因此不考虑 DNA、RNA 各自的水解条件，把二者的水解及二种戊糖的缩水过程一并完成。

1. 核糖在硫酸溶液中加热，转变成糖醛衍生物，与地依酚试剂作用可生成绿色化合物。

$$\text{核糖}\xrightarrow{\text{强酸}}\text{糖醛}+3H_2O$$

$$\text{糖醛}+\text{地衣酚}\longrightarrow\text{绿色化合物}$$

2. 脱氧核糖在酸性溶液中加热生成 ω-羟基 γ-酮基戊醛，此化合物与二苯胺试剂反应生成蓝色化合物。

$$\text{脱氧核糖}\xrightarrow{\text{强酸}}\omega\text{-羟基}\gamma\text{-酮基戊醛}\xrightarrow{\text{二苯胺}}\text{蓝色化合物}$$

3. 磷酸与钼酸胺作用生成黄色的磷钼酸胺。

$$H_3PO_4+12(NH_4)_2MoO_4+21HNO_3\rightarrow(NH_4)_3PO_4\cdot 12MoO_3+21H_2O+21NH_4NO_3$$

4. 嘌呤碱能与 AgOH 试剂反应生成灰褐色的絮状嘌呤银化物。

【试剂】

1. 干酵母粉 100mg 一包，在课前先包好。
2. 5% H_2SO_4
3. 10% NaOH
4. 10% HNO_3
5. 0.1mol/L $AgNO_3$溶液　取 $AgNO_3$ 8.495g，加水至 500ml。
6. 钼酸胺试剂　称钼酸胺 2g，溶于 100mg 10% HNO_3。
7. 地依酚试剂　取 HCl 100ml 加三氯化铁（$FeCl_3\cdot H_2O$）100mg，溶解后，再加地依酚 100mg。该试剂用前现配。
8. 二苯胺试剂（定性用）　称 4g 二苯胺溶于 400ml 冰醋酸中，加入 11ml 浓 H_2SO_4（比重 1.84）贮存棕色瓶中。若试剂呈蓝绿色，表示冰乙酸不纯，不能使用，正常应为淡黄色。

【操作】

1. 酵母的水解　取 100mg 干酵母粉（鲜酵母 500mg），放入试管中，加入 5% H_2SO_4 10ml，充分混匀，放沸水浴中煮 30min（以水沸记时），冷却，用滤纸过滤，滤液分别进行以下实验。

2. 水解产物的鉴定

（1）核酸测定：取滤液 0.5ml，加地依酚试剂 2ml，放沸水中煮 3min，观察有何颜色产生?

（2）脱氧核糖测定：取滤液 1ml，加二苯胺试剂 5ml，置沸水浴中煮 15min，观察出现什么颜色。

（3）嘌呤碱测定：取滤液 0.5ml，加 10%NaOH 0.5ml，再加 0.1mol/L $AgNO_3$ 0.5ml，置沸水浴中煮 2～3min，拿出静置，可逐渐出现嘌呤银附管壁。

（4）磷酸测定：取滤液 1ml，加钼酸试剂 2ml，沸水中煮 5min，观察有何颜色变化。

（刘艳艳　王文国）

实验十二　琼脂糖凝胶电泳分离 DNA

【原理】

DNA 分子在高于其等电点的溶液中带负电荷，在电场中向正极移动。分子大小不同的 DNA 片段具有各自的电泳迁移率，在电泳后处于凝胶不同的位置。影响其泳动的因素包括电荷效应和分子筛效应。前者由分子所带的净电荷量的多少而定，这与电泳时电流强度、电泳缓冲液的 pH 和离子强度有关；而后者主要与 DNA 分子大小、结构以及所用琼脂糖凝胶的浓度有关。

【试剂】

1. 仪器　稳压电泳仪（如 DY－74 型）、紫外检测或紫外透射照明仪、水平式电泳槽。

2. 实验样品　样品 DNA，分子量标准（如 γDNA/Hind Ⅲ）。

3. 试剂：溴酚蓝、甘油（或蔗糖）、溴化乙啶、Tris、硼酸、$EDTANa_2$、琼脂糖。

【操作】

1. 选择合适的水平式电泳仪，调节电泳槽平面至水平，检查稳压电源与正负极的线路。

2. 选择孔径大小适宜的梳板，垂直架在电泳槽负极的一端，使点样梳板底部离电泳槽水平面的距离为 1.0mm 左右。

3. 制备琼脂糖凝胶：按照被分离的 DNA 分子的大小，决定凝胶中琼脂糖的百分含量（参照本实验附表）。称适量琼脂糖，溶解在电泳缓冲液 1×TBE 中（1×TBE：0.89mol/L Tris；0.89mol/L 硼酸；0.02mol/L $EDTANa_2$，pH8.0），置微波炉中或水浴锅中加热至琼脂糖溶化均匀。

4. 取少量凝胶溶液，将电泳槽四周密封好，防止浇凝胶时出现渗漏，然后在凝胶中加入溴化乙啶（最终浓度为 0.5μg/ml），摇匀，待凝胶溶液冷却至 50℃左右时，轻轻倒入电泳槽水平板上，除去气泡。

5. 待凝胶冷却凝固 30min 后，在电泳槽内加入电泳缓冲液 1×TBE，使电泳缓冲液刚好盖过胶面，然后小心取出点样梳板，注意保持点样孔的完好。

6. 待测的 DNA 样品中加入 1/5 体积溴酚蓝指示剂（0.2％溴酚蓝，50％甘油），混匀后小心地进行点样，记录样品次序与点样量。

7. 开电源开关，选择适当的电压进行电泳，最高电压不高于 5V/cm，当琼脂糖浓度低于 0.5％时，电泳温度不能太高。

8. 电泳时间据试验具体要求而定，电泳中途可用手持式紫外灯直接观察。检测 DNA 浓度、质量或片段分子量的大小，一般电泳 1～2h 即可，而用于 Southern 印迹杂交时一般电泳 18～24h（此时电压 1V/cm）。

9. 电泳至所需时间，停止电泳。取出凝胶直接在紫外线透射仪上观察以绘图记录或照相。

【注意事项】

1. 溴乙啶（EtBr）具有强烈的致癌作用，操作时应戴手套，应避免污染实验台面。

2. 取出点样梳板前应确保凝胶已完全凝固。如天气太热，要将凝胶放于 4℃冰箱帮助成胶。

3. 如需测定待测片段的长度，应先将样品电泳分离后，再用 EtBr 溶液染色。

4. 每次点样时，应有标准 DNA（如 γDNA/Hind Ⅲ）做对照，以便及时判断样品的位置及分子量的大小。

5. 溴酚蓝指示剂是核酸电泳的示踪指示剂，其电泳迁移率约与 0.3kb DNA 片段相同。根据其泳动位置，便可判断电泳运行状况。高浓度甘油与 DNA 样品混合后，可帮助 DNA 很好地沉入点样孔底。

6. 电泳法测定 DNA 分子大小时，应当尽量减少电荷效应，增加凝胶的浓度可以在一定程度上降低电荷效应，使分子的迁移速度主要由分子凝胶阻滞程度的差异所决定，提高分辨率，同时适当降低电泳时的电压，也可使分子筛效应相对增强而提高分辨率，为了获得满意的 DNA 片段分离效果，每厘米凝胶长度所使用的电压一般不超过 5V。选用琼脂糖凝胶的浓度可参见下表：

琼脂糖凝胶浓度与分辨核酸大小范围的关系

琼脂糖凝胶浓度（%）	可分辨的线性 DNA 大小范围（kb）
0.4	5～60
0.4	0.8～10
1.0	0.4～6
1.5	0.2～4
1.75	0.2～3
2.0	0.1～3

凝胶电泳测定 DNA 溶液浓度仅需 5～10mgDNA 就可以从照片中比较，而用肉眼观察，则可检测 0.05～0.1μg DNA。

（张凤英）

实验十三　胡萝卜素的柱层析分离法

【原理】

胡萝卜素存在于辣椒和胡萝卜等植物中，因其在动物体内变成维生素 A，故又称维生素 A 原。胡萝卜素可用乙醇、石油醚和丙酮等有机溶剂从食物中提取出来，且能被氧化铝（Al_2O_3）所吸附。由于胡萝卜素与其他植物色素的化学结构不同，它们被氧化铝吸附的强度以及在有机溶剂中的溶解度都不相同，故将提取液利用氧化铝层析，再用石油醚等冲洗层析柱，即可分离成不同的色带。同植物的其他色素相比，胡萝卜素吸附最差，跑在最前面，故也最先被洗脱下来。

【试剂】

1. 95%乙醇
2. 石油醚及 1%丙酮石油醚
3. Al_2O_3（固体）
4. 无水硫酸钠

【操作】

1. 提取　取干红辣椒皮 2g，剪碎后放入研钵中，加 95%乙醇 4ml，研磨至提取液呈深红色，再加石油醚 6ml 研磨 3～5min，提取液颜色越深则表示提取的胡萝卜素越多。用纱布过滤，将提取液置于 40～60ml 分液漏斗中，用 20ml 蒸馏水洗涤数次，直至水层透明为止，借以除去提取液中的乙醇。然后将红色石油醚层倒入干燥试管中，加少量无水硫酸钠除去水分，用软木塞塞紧，以免石油醚挥发。

2. 层析柱的制备　取直径 1cm、高 16cm 的玻璃层析管，在其底部放少量棉花，然后装入氧化铝粉末达 7cm 高度，于其上部铺一张圆形的小滤纸。将管垂直夹在铁架上备用。装柱要均匀，无断层，氧化铝柱表面要水平。

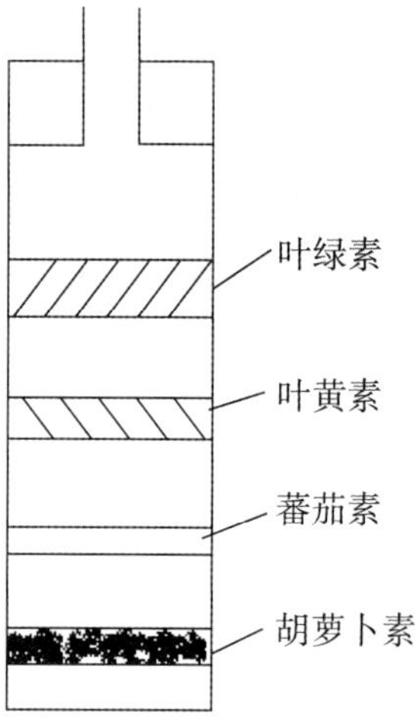

图 13-1　胡萝卜素吸附层析示意图

3. 层析　用细吸管吸取石油醚提取液 1ml，沿管壁加入层析柱上端。待提取液全部进入层析柱，立即加入含 1%丙酮的石油醚冲洗，使吸附在柱上端的物质逐渐展开成为数条颜色不同的色带。仔细观察色带的位置、宽度和颜色，并绘图记录（图 13-1）。

【注意事项】

1. 先用高温处理氧化铝以除去水分，提高其吸附力。
2. 石油醚提取液中的乙醇必须洗净，否则吸附不好，色素的色带也弥散不清。
3. 展开溶媒中丙酮可增强洗脱效果，但含量不宜过高，以免洗脱过快使色带分离不清晰。

（韩　冰）

实验十四　维生素C的定量测定

（2,4－二硝基苯肼法）

【原理】

在体外，维生素C（VitC）有3种存在形式，即抗坏血酸、脱氢抗坏血酸和二酮古洛糖酸。前二者能相互转变，且有生理功能；后者是脱氢抗坏血酸在pH5以上或受热后其内酯环断裂，分子结构重新排列形成的，无生理活性。

上述三者总称维生素C。测定原理是先将抗坏血酸氧化成脱氢抗坏血酸。后者及二酮古洛糖酸都能与2,4－二硝基苯肼相结合形成二硝基苯腙。此化合物在强酸环境下呈杏红色，其色泽深浅（光密度）与维生素C的含量成正比。然后再与同样处理的维生素C标准液比色，从而可得出样本中总维生素C的含量。

【试剂】

1. 9mol/L H_2SO_4　小心加250ml浓硫酸（比重1.84）于700ml蒸馏水中，冷却后稀释至1000ml。

2. 2% 2,4－二硝基苯肼　溶解2g 2,4－二硝基苯肼于100ml蒸馏水中，冷却后稀释至1000ml。

3. 1%草酸

4. 85%H_2SO_4　小心加900ml浓硫酸（比重1.84）于100ml蒸馏水中冷却后使用。

5. 10%硫脲　溶解50g硫脲于500ml 1%草酸中。

6. 活性炭　100g活性炭加入700ml 1mol/L HCl中回流加热1h，过滤。用蒸馏水洗涤数次至滤液中无Fe^{3+}，然后置于110℃烘箱中烘干。

7. 抗坏血酸标准储存液　溶解100mg维生素C于100ml 1%草酸中即可（1ml＝1mg维生素C）。

8. 抗坏血酸标准应用液　取储存液1.0ml用1%草酸稀释至100ml（1ml＝0.01g维生素C）。

【操作】

1. 提取　准确称取橘子（或白菜）的可食部分2g置研钵中，加少量1%草酸快速研磨5min，将提取液收集至50ml容量瓶中，沉渣部分继续加草酸研磨，收取提取液。如此重复提取2～3次，然后用1%的草酸冲洗研钵2～3次，将冲洗液都倒入容量瓶，最后将容量瓶提取液加1%草酸至刻度（50ml），混匀。

2. 氧化、脱色　取约10ml提取液置于干燥锥形瓶中，加入半匙活性炭，充分振摇约1min后过滤；再取约10ml维生素C标准应用液于另一干燥锥形瓶中，同上处理。

3. 取中号试管 3 支，按下表操作：

试剂（ml）	试管		
	空白	标准	测定
样品滤液	2.5	—	2.5
标准滤液	—	2.5	—
10%硫脲（滴）	1.0	1.0	1.0
2% 2,4-二硝基苯肼	—	1.0	1.0
混匀，置沸水浴中 10 分钟后，流水冷却			
2% 2,4-二硝基苯肼	1.0	—	—
85%硫酸	3.0	3.0	3.0

【计算】

$$维生素C(mg/100g样品)=\frac{测定管光密度}{标准管光密度}\times 0.01\times 2.5\times\frac{50}{2.5}\times\frac{100}{2}=\frac{测定管光密度}{标准管光密度}\times 25$$

【注意事项】

1. 加 85%硫酸时需将试管置于冷水中，逐滴慢加，边加边摇边冷却。加完后混匀，静置 10min，以空白管调“0”点，在波长 505nm 处读取各管吸光度。

2. 取样均匀、大小适合、研磨迅速。

3. 水浴时间准确（10min）。

4. 冷水浴内加硫酸时必须逐滴加入，并边加边摇匀，以免产生高热使结果偏低。

附　抗坏血酸 2,6-二氯酚靛酚滴定法简介

该法原理是还原型抗坏血酸能还原染料 2,6-二氯酚靛酚，该染料在酸性溶液中呈红色，被还原后红色消失。根据滴定时消耗的 2,6-二氯酚靛酚毫升数，计算样本中维生素 C 的含量。此法优点是简便快速，但是只能测定样品还原型抗坏血酸，而样品中同样有生理活性的脱氧抗坏血酸则不能测出，同时易受其他因素（如还原性物质）的影响，使结果产生偏差，因此本法较少被采用。

（李　阁）

实验十五　血清淀粉酶活性测定

（碘-淀粉比色法）

【原理】

淀粉酶（α-amylase，AMY）又称 α-1，4-葡聚糖水解酶，作用于多糖分子的 α-1，4 糖苷键，生成麦芽糖和葡萄糖。

淀粉酶是临床应用最早的酶，测定方法多达 200 余种。一般可将这些方法归纳为两类：一类是以天然淀粉为底物的测定法，如淀粉分解法、糖化法和色素淀粉法等。另一类是使用分子组成确定的小分子寡聚糖（含 4～7 个葡萄糖单位）或对-硝基苯酚-糖苷等作为淀粉酶底物，与辅助酶、指示酶共同组成淀粉酶测定系统，如以对-硝基苯麦芽庚糖苷（$4NP-G_7$）为底物的对硝基苯麦芽庚糖苷法。本实验为碘-淀粉比色法。

血清（或血浆）中 α-淀粉酶（AMY）催化淀粉分子中 α-1，4 糖苷键水解，产生葡萄糖、麦芽糖及含有 α-1,6 糖苷键支链的糊精。在底物过量且浓度已知的条件下，保温反应到规定时间后加入含强酸的碘液终止反应，并与未被水解的淀粉结合成蓝色复合物（碘色反应），其蓝色的深浅与未经酶促反应的空白管比较，从而计算出 AMY 的活力单位。

$$\text{淀粉} \xrightarrow{\text{AMY}} \text{葡萄糖、麦芽糖及糊精}$$

$$\text{剩余淀粉} + \text{碘液} \longrightarrow \text{蓝色化合物}$$

【试剂】

1. 0.4g/L 缓冲淀粉溶液　于蒸馏水约 500ml 中，溶解氯化钠 9g、无水磷酸氢二钠 22.6g（或 $Na_2HPO_4 \cdot 12H_2O$ 56.94g）和磷酸二氢钾 12.5g，加热至沸。另取一小烧杯，精确称取可溶性淀粉 0.4g，加入蒸馏水约 10ml，使溶液呈糊状后，加入上述沸腾之溶液中，清洗烧杯并倒入，冷却至室温后，加入 37% 甲醛溶液 5ml，用蒸馏水稀释至 1000ml，该溶液 pH 为 7.0±0.1，置 4℃ 冰箱保存。

2. 0.1mol/L 碘贮存液　于蒸馏水约 400ml 中，溶解碘酸钾 1.7835g 及碘化钾 22.5g，缓慢加入浓盐酸 4.5ml，边加边搅拌，用蒸馏水定容至 500ml，充分混匀，贮存于棕色瓶中，塞紧瓶塞，置冰箱保存。

3. 0.01mol/L 碘应用液　取碘贮存液 1 份加蒸馏水 9 份，混匀，贮存于棕色瓶中，4℃ 冰箱中可稳定保存 1 个月。

【操作】

血清标本先用生理盐水做 10 倍稀释，再按下表操作：

加入物（ml）	试管		
	空白管	标准管	测定管
缓冲淀粉溶液	1.0	1.0	1.0
	37℃预温 5min		
稀释质控血清	—	0.2	—
稀释血清	—	—	0.2
	混匀，置 37℃水浴中准确计时 7.5min		
碘应用液	1.0	1.0	1.0
蒸馏水	6.2	6.0	6.0

混匀，以蒸馏水调零，于波长 660nm 处测定空白管及测定管光密度。

【计算】

$$淀粉酶(U)=\frac{空白管吸光度-测定管吸光度}{空白管吸光度}\times\frac{0.4}{5}\times\frac{15}{7.5}\times\frac{100}{0.02}$$
$$=\frac{空白管吸光度-测定管吸光度}{空白管吸光度}\times 800$$

单位定义：100ml 血清中的淀粉酶，在 37℃ 15min 水解淀粉 5mg 为 1 个单位。

【注意事项】

1. 淀粉产品不同，碘色反应颜色不同。其空白吸光度也可有明显差异，但一般空白吸光度应<0.40。

2. 缓冲淀粉溶液若出现浑浊或絮状物，表示缓冲淀粉溶液受污染或变质，不能再用，应重新配制。

3. 本法亦适用于其他体液淀粉酶的测定。尿液应先稀释 20 倍后再进行测定。

【临床意义】

正常参考值为：血清 80～180U/dl；尿液 100～1200U/dl。

1. 血清 AMY 测定主要用于诊断急性胰腺炎及急腹症的鉴别诊断。急性胰腺炎发病后 8～12h 血清 AMY 开始增高，12～24h 达高峰，2～5d 下降至正常。如达 350U/dl 时应怀疑此病，超过 500U 有诊断意义。急性阑尾炎、肠梗阻、胰腺癌、胆石症、溃疡穿孔及吗啡注射后等均可见血清 AMY 增高，但常低于 500U/dl。

淀粉酶可通过肾小球滤过。尿 AMY 于急性胰腺炎发病后 12～24h 开始升高，下降也比血清 AMY 慢，因此，在急性胰腺炎后期测定尿 AMY 更有价值。

2. 由于正常人血清中 AMY 主要由肝产生，故血清与尿中 AMY 同时减低主要见于肝炎、肝硬化、肝癌及急性和慢性胆囊炎、急性酒精中毒等。肾功能障碍时，血清 AMY 也可降低。

（韩　冰）

实验十六　温度、pH、激活剂和抑制剂对酶活性的影响

一、温度对酶活性的影响

【原理】

温度对酶的活性有显著影响：温度降低，酶促反应速度减弱或停止；温度升高，反应速度加快，当上升至某一温度时，酶促反应速度达最大值，此温度称为酶的最适温度。温度继续升高可加速酶蛋白变性，反应速度反而下降甚至使酶完全失去活性。人体内大多数酶的最适温度在 37℃左右；体外实验时，酶的最适温度随反应时间而异。

本实验以唾液淀粉酶为例。唾液淀粉酶催化淀粉水解生成各种糊精和麦芽糖。

$$\underset{\text{淀粉}}{(C_6H_{10}O_5)_n} \longrightarrow \underset{\text{糊精}}{(C_6H_{10}O_5)} \longrightarrow \underset{\text{麦芽糖}}{C_{12}H_{22}O_{11}}$$

淀粉溶液属胶体溶液，具乳样光泽，与碘反应呈蓝色；无自由半缩醛羟基，不具还原性。分子大小不同的糊精，与碘反应分别呈蓝、紫、红等不同的颜色。麦芽糖不与碘呈色，但具有自由半缩醛羟基，因而具有还原性。根据上述性质，可以用碘和斑氏试剂检查淀粉是否水解及其水解程度，间接判断淀粉酶是否存在及其活性大小。

【试剂】

1. 1%淀粉　称取可溶性淀粉 1g，加少量水调成糊状，加入煮沸的 0.3%NaCl 溶液至 100ml。

2. 0.3%碘液　称取碘 1g，碘化钾 2g 同溶于 100ml 蒸馏水中，置棕色瓶中保存。

【操作】

1. 收集唾液　实验者先用少量蒸馏水漱口，以清除口腔内食物残渣，然后收集唾液约 2ml 于小烧杯中，用蒸馏水稀释 5～10 倍。取小漏斗一只，垫小块脱脂棉，过滤稀释唾液，滤液备用。

2. 取试管两支，各加稀释唾液 2ml，一管直接加热煮沸，另一管置冰水浴中预冷 5min，剩余唾液置 37℃水浴中。

3. 另取试管 4 支，编号，按下表操作：

试剂	试管		
	1	2	3
1%淀粉溶液（滴）	20	20	20
唾液淀粉酶（滴）	10（加热至沸）	10（室温）	10
		混匀	
水浴	放 37～40℃5min	37～40℃水浴 5min	冰水浴 5min

混匀各管，5min 后取出 1、2 两管并向两管中各加碘液 1 滴，比较各管的颜色。从第 3 管中取出 1 滴，置反应板上，迅速加碘溶液 1 滴，观察反应；再将第 3 管放 40℃ 水浴，5min 后取出试管，加碘溶液 1 滴，观察颜色变化。

比较三管的颜色有何差别，说明为什么。

二、pH 对酶活性的影响

【原理】

环境的 pH 可显著影响酶活性，pH 既影响酶本身也影响底物的解离状态，从而影响酶与底物的结合和催化作用。在某一 pH 条件下酶的催化活性最大，此 pH 称为酶的最适 pH。偏离酶的最适 pH 越远，酶活性越低，过酸或过碱可使酶变性而丧失活性。不同的酶最适 pH 是不同的，人体内多数酶的最适 pH 在 7.0 左右。

本实验以唾液淀粉酶为例，在给定时间内，在不同 pH 条件下进行反应，用底物→淀粉消失的快慢来衡量酶活性的高低，可用淀粉与碘的呈色反应来判断。

【试剂】

1. 1%淀粉（含 0.3%NaCl）

2. 0.3%碘液

3. 1/15mol/L NaH_2PO_4 溶液　称取 $NaH_2PO_4 \cdot 2H_2O$ 11.876g，加蒸馏水溶解稀释至 100ml。

4. 1/15mol/L KH_2PO_4 溶液　称取 KH_2PO_4 9.078g，加蒸馏水溶解稀释至 100ml。

5. pH5.0 磷酸盐缓冲液　取 1/15mol/L Na_2HPO_4 l.5ml 和 1/15mol/L KH_2PO_4 98.5ml 混匀即可。

6. pH6.8 磷酸盐缓冲液　取 1/15mol/L Na_2HPO_4 4.96ml 和 1/15mol/L KH_2PO_4 50.4ml 混匀即可。

7. pH8.0 磷酸盐缓冲液　取 1/15mol/L Na_2HPO_4 94.7ml 和 1/15mol/L KH_2PO_4 5.3ml 混匀即可。

【操作】

1. 收集唾液，方法同前。

2. 水浴的准备　37℃水浴。

3. 取 3 支试管，编号，按下表操作：

试剂（滴）	试管		
	1	2	3
1%淀粉液	20	20	20
唾液淀粉酶	20	20	20
缓冲液	30 (pH=5)	30 (pH=6.8)	30 (pH=8.0)

混匀各管。

【结果观察】

1. 取一反应板，并在其3个小池中各加碘溶液1滴。

2. 从以上3管中各取1滴溶液与碘反应，观察所呈颜色。

3. 将3管一同放入37℃水浴锅中保温，每隔1min从每管中各取2滴溶液与反应板上的碘溶液混合，观察呈色反应（注意每次取溶液与碘反应后，必须将玻璃棒洗净，才能再放入试管中取第二次）。

4. 待第2管取出的溶液与碘不呈颜色反应时，立即向每一试管中各加入碘溶液5滴，比较各管所呈颜色，并解释。

三、激活剂和抑制剂对酶活性的影响

【原理】

凡能增加酶活性的物质称为激活剂，凡能降低酶活性的物质称为抑制剂。本实验以唾液淀粉酶为例，氯离子使该酶活性增强，铜离子则强烈抑制该酶的活性。

【试剂】

1. 1%淀粉

2. 1% NaCl

3. 1% $CuSO_4$

4. 1% Na_2SO_4

【操作】

1. 收集唾液，同前。

2. 取试管4支，编号，按下表操作：

试剂（滴）	试管			
	1	2	3	4
1%淀粉	20	20	20	20
1% NaCl	2	—	—	—
1% $CuSO_4$	—	2	—	—
1% Na_2SO_4	—	—	2	—
蒸馏水	—	—	—	2
稀释唾液	10	10	10	10

将各管混匀，置37℃水浴中，取白瓷盘一个，预先加一排碘液（各小池加1～2滴），每隔2min从1号管吸取保温液1滴，测碘反应，直至1号管不与碘呈色时，向各管加碘液2滴，摇匀观察并解释结果。

（李　阁）

实验十七　乳酸脱氢酶同工酶的分离

（醋酸纤维素薄膜电泳法）

【原理】

同工酶是指催化的化学反应相同，而分子结构及免疫学性质互不相同的一组酶。

将标本加于支持物上，在适当的缓冲液中进行电泳，使乳酸脱氢酶分成5条区带，电泳速度最快为LDH_1，依次为LDH_2、LDH_3、LDH_4及LDH_5。再将可被酶作用的底物加于其上，在适当温度下作用一定时间，最后用化学方法使作用后的产物显色，然后将各区带剪下，溶于浸出液中进行比色，从而计算出各区带内酶的含量。

【试剂】

1. 电泳缓冲液（巴比妥缓冲液，pH 8.6，离子强度0.05）　巴比妥钠20.6g，巴比妥3.68g，蒸馏水加至2000ml。

2. 0.1mol/L磷酸盐缓冲液（pH 7.5）　磷酸二氢钠2.16g，磷酸氢二钠（$Na_2HPO_4 \cdot 7H_2O$）22.55g，蒸馏水加至1000ml。

3. 0.5mol/L乳酸钠溶液　60%乳酸钠溶液5ml，磷酸盐缓冲液45ml，混匀后于4℃冰箱中保存。

4. 吩嗪甲酯硫酸盐溶液（PMS）　吩嗪甲酯硫酸盐10ml，加蒸馏水10ml，装入棕色瓶在4℃冰箱中保存，1个月内有效。此液对光敏感，如呈绿色则不能使用。

5. 0.3%氯化硝基四唑氮蓝溶液（NBT）　氯化硝基四唑氮蓝30mg，加蒸馏水10ml。

6. 辅酶Ⅰ（NAD^+）

7. 透明液　冰醋酸3ml，加95%乙醇7ml。

8. 浸出液　三氯甲烷9ml，加无水乙醇1ml。

9. 染色合剂　0.5mol/L乳酸钠溶液0.4ml，加PMS溶液0.3ml、0.3%氯化硝基四氮唑蓝溶液0.8ml、辅酶10mg混合即成。

【操作】

1. 标本准备　组织浸出液：将组织剪碎后，用生理盐水反复洗去组织上的血液，捣碎制成匀浆，悬浮在磷酸盐缓冲液中，离心沉淀，电泳时取上清液作适当稀释（根据各组织中LDH的活性而定）。亦可用新鲜血清做测定标本。

2. 点样　将薄膜切成2.5cm×7cm，准备“甲”“乙”两条，将“甲”条浸在巴比妥缓冲液中充分浸透后取出，用滤纸吸干膜面的水分，无光泽面向上用血红蛋白吸管作直线点状滴加新鲜血清或组织浸出液约$10mm^3$于距离膜端约1.5cm处（若为组织浸出液可减量），待标本渗入膜内后，置电泳槽支架上，使放有标本的一端靠阴极，静置10min。

3. 通电　电流0.6～1.0mA/cm宽，电压120～160V，通电约75min。

4. 孵育与染色　在电泳完成前15min（或在电泳至60min时）配制染色合剂，将“乙”薄膜浸入，待浸透后取出，移入一清洁平皿内。电泳完毕将电泳薄膜“甲”条取出，用滤纸迅速吸干，平整地覆盖在“乙”条上，盖上平皿，置于放有少量水的搪瓷盘中，于37℃温箱内保温40min，可出现紫蓝色区带3～5条，电泳速度最快的为LDH_1（靠近阳极端）。

5. 定量　用透明液将“甲”“乙”二条膜洗涤3次，待干后将各相对区带剪下分别溶于

2ml 浸出液中，待薄膜溶解，色泽浸出后，于 560nm 波长处或用绿色滤光片进行比色。测定各部分光密度为 L_1、L_2、L_3、L_4、L_5。

【计算】

光密度总和 $T=L_1+L_2+L_3+L_4+L_5$

乳酸脱氢酶各部分百分数为：

$LDH_1\%=L_1/T\times100\%$

$LDH_2\%=L_2/T\times100\%$

$LDH_3\%=L_3/T\times100\%$

$LDH_4\%=L_4/T\times100\%$

$LDH_5\%=L_5/T\times100\%$

若有光密度计，则可将完全干燥的薄膜放入透明液中 20min，取出后贴于玻璃板上，干后即透明，将透明的“甲”“乙”两膜重合在一起，在光密度计中扫描度数。

【正常值】（血清 LDH）

LDH_1：24%～34%

LDH_2：35%～44%

LDH_3：19%～27%

LDH_4：0～5%

LDH_5：0～2%

【临床意义】

人体各组织中 LDH 同工酶的组成及含量不同，当组织或器官损伤或坏死时，其所含的 LDH 即释放入血，而引起血清同工酶活性的改变，此改变往往在酶的总活力升高以前。由于心肌细胞中含有大量的 LDH_1，故心肌梗死患者血清 LDH_1 升高。肝损伤时血清 LDH_5 活性升高，肺梗死时 LDH_3 明显升高。所以，测定同工酶活性的变化，能提高诊断的灵敏度及鉴别病变的器官。

【注意事项】

1. 整个操作过程中，使用的器械及试剂必须清洁。

2. 缓冲液的酸碱度要求准确。

3. 电泳时温度不能过高，室温超过 20℃则需要在冰槽内操作。

4. 在浸渗染色合剂时应注意，过多的底物会引起同工酶区带扩散，过少则作用过程中干燥，影响结果。

（韦　岩）

实验十八　线粒体的制备与 P/O 比值的测定

【原理】

线粒体是细胞内最重要的氧化产能机构，人体内糖、脂肪及某些氨基酸的彻底氧化都需要在线粒体内完成。在氧化过程中代谢物脱下的两个氢原子经呼吸链传递最后与 O_2 生成水，同时有 ADP 与无机磷酸作用生成 ATP，每消耗 1 摩尔氧所消耗的无机磷的摩尔数称为 P/O 比值。

本实验利用超速离心法从肌肉组织中分离线粒体，证明线粒体具有吸收 O_2 及使无机磷酸转变为含磷有机物的能力（氧化磷酸化作用）。

【试剂】

1. 生理盐水
2. 0.5mol/L 蔗糖溶液
3. 1/30mol/L 磷酸盐缓冲液
4. 反应液　1/15mol/L 磷酸盐缓冲液：2％氟化钠：蒸馏水＝2：1：2
5. 10％NaOH
6. 5％三氯醋酸
7. 测磷试剂（见实验三十三血清无机磷测定）

【操作】

1. 线粒体的分离

（1）取动物腿部肌肉约 15g，用冰冷的生理盐水洗净血液，将肌肉剪碎，放入匀浆器中，加入 0.25mol/L 蔗糖溶液 50ml，制成匀浆。

（2）将匀浆以 600g 离心 5min，收集上清液，沉淀部分为细胞核等，弃去。

（3）将上清液再以 10 000g 离心 30min，沉淀部分为线粒体，用 0.25mol/L 蔗糖溶液 5ml 洗 3 次（注意应搅起沉淀），最后用 1/30mol/L 磷酸盐缓冲液 100ml 制成线粒体悬液，备用。

2. P/O 比值测定

在 4 个瓦氏呼吸仪的反应瓶底部放入 1ml 反应液，在中心杯内放入 10％NaOH 0.5ml，侧管内加入 1ml 预先准备好的线粒体悬液。然后将反应瓶装在压力计的磨塞上，塞好侧管的玻璃塞。把压力计和温度计固定于已经调好的恒温器的相对位置上，平衡 10min 后，将压力计的液体调节到 150 刻度，关闭压力计活塞。将反应瓶侧管内的线粒体悬液倾入反应瓶底部。留两个（第 3、第 4）压力计在恒温器中继续摇动，打开另外两个（第 1、第 2）压力计的活塞后，迅速把其移到架上，把反应瓶从磨塞上取下，加入 5％三氯醋酸溶液于反应瓶底部的溶液中，以沉淀蛋白质和终止酶的作用。用滤纸把中心杯内的液体吸干。

过 30min 后计算在第 3、第 4 压力计中氧的吸收量，先将它们如第 1 和第 2 压力计一样地处理，放置 20～30min，蛋白质沉淀后，将各瓶（包括第 1、第 2 反应瓶）分别过滤或离心。按无机磷测定方法测定无蛋白三氯醋酸中无机磷的含量。

下面以一次实验记录为例，说明 P/O 比值的计算。

实验样品中所含磷的量：

保温 10min 后（平衡后）		保温 40min 后	
第 1 号	第 2 号	第 3 号	第 4 号
1.08	1.08	0.10	0.10
平均 1.08		平均 0.10	

保温 30min 无机磷消失的毫克数为：1.08－0.10＝0.98mg 或 0.98/0.03＝32μg 原子磷（0.031mg 无机磷相当于 1μg 原子磷）。

保温 30min 后被吸收 O_2 的毫升数：第 3 号为 86，第 4 号为 94，平均 90ml 或 90/22.4＝4μg 分子氧或 8μg 原子氧。在本实验中，P/O 比值为 32∶8＝4。

（韦　岩）

实验十九　细胞色素氧化酶的作用及其抑制与解毒

【原理】

细胞色素氧化酶是电子传递体，具有将电子传递给氧的功能．以保证细胞呼吸的正常进行。但其辅基铁卟啉中的 Fe^{3+} 与 CN^- 结合则失去传递电子能力，使细胞呼吸中断而危及生命。本实验是通过动物活体实验和组织匀浆实验来观察细胞色素氧化酶的作用和受氰化物毒害而阻断细胞呼吸的情况。本实验包括动物实验和组织匀浆试验两部分。

动物实验：给小鼠注射 KCN，则因细胞呼吸中断（内窒息）而死亡。若在注射 KCN 时又注射 $Na_2S_2O_3$，动物体内丰富的硫氰酸酶使 $S_2O_3^{2-}$ 与 CN^- 结合成毒性极低的 SCN^- 从尿中排出而解毒，即：

$$2CN^- + 2S_2O_3^{2-} + O_2 \xrightarrow{\text{硫氰酸酶}} 2SCN^- + 2SO_4^{2-}$$

组织匀浆实验：细胞色素的递电子作用，可通过催化对二氨基苯生成红棕色物质而观察到氰化物与细胞色素氧化酶中 Fe^{2+} 结合而阻断此反应的进行。

【试剂】

1. 0.5% KCN（新鲜配制）
2. 5% $Na_2S_2O_3$
3. 生理盐水
4. 1/15mol/L Na_2PO4
5. 0.2%对二氨基苯（新鲜配制）

【操作】

1. 动物实验　小鼠 6 只，随机分组标记编号，并按下表操作：

动物分组	编号	体重（g）	腹腔注射	腹腔注射	动物的表现
第一组	1				
	2		5% $Na_2S_2O_3$ 0.5ml	观察 5min 后按每 3g 体重注射 0.5% KCN 溶液 0.01ml	
	3				
第二组	1				
	2		生理盐水 0.5ml		
	3				

2. 组织匀浆实验　取新鲜肌肉组织约 2g 剪碎，置研钵中加砂磨碎，再加 1/15mol/L Na_2PO_4 5ml 混匀，纱布过滤，取上清液，按下表操作：

试剂（滴）	试管		
	1	2	3
上清液	10	10	10
0.5% KCN	—	—	1
0.2%对二氨基苯	10	10	10
	混匀后静置	混匀后静置	不断振摇 5min

观察各管结果并解释。

（张凤英）

实验二十　血糖的测定

一、邻甲苯胺法

【原理】

血清（浆）中的葡萄糖与冰醋酸、邻甲苯胺共热，葡萄糖失水转化为5-羟甲基-2-呋喃甲醛，再与邻甲苯胺缩合为蓝色醛亚胺（Schiff碱），血清中蛋白质则溶解在冰醋酸和硼酸中不出现浑浊。

【试剂】

1. 邻甲苯胺试剂　称取硫脲（AR级）2.5g，溶于750ml冰醋酸（AR级）中。将此溶液移入1000ml容量瓶中，加邻甲苯胺150ml及2.4%硼酸溶液100ml，加冰醋酸至刻度，置棕色瓶中可保存2个月。

2. 葡萄糖标准液贮存液（55.51mmol/L）　准确称取干燥纯葡萄糖1000mg，用0.25%苯甲酸80ml溶解，倾入100ml容量瓶中，加入0.25%苯甲酸至刻度，此溶液可在冰箱中贮存。

3. 葡萄糖标准液应用液（5.55mmol/L）　取上述贮存液10ml放入100ml容量瓶中，用0.25%苯甲酸稀释到刻度。

【操作】

1. 取干燥试管3支，编号，按下表操作：

试剂（ml）	试管		
	空白管	标准管	测定管
血浆或血清	—	—	0.1
葡萄糖标准液	—	0.1	—
蒸馏水	0.1	—	—
邻甲苯胺试剂	5.0	5.0	5.0

2. 各管混匀后置沸水浴中，15min后取出，用流水冷却。

3. 以空白管调零点管，在波长680nm处比色测定，读取各管光密度。

【计算】

$$血糖(mmol/L)=\frac{测定管光密度}{标准管光密度}\times 5.55$$

二、葡萄糖氧化酶法

【原理】

葡萄糖氧化酶（glucose oxidase，GOD）将葡萄糖氧化为葡萄糖酸内酯和过氧化氢，后者在过氧化物酶（peroxidase，POD）和色素原性氧受体存在下，将过氧化氢分解为水和氧，同时使色素原性氧受体 4-氨基安替比林和酚去氢缩合为红色醌类化合物，即 Trinder 反应。其颜色深浅在一定范围内与葡萄糖的含量成正比，与同样处理的标准管比较，即可求得标本中的葡萄糖浓度。反应式如下：

$$葡萄糖 + O_2 + H_2O \xrightarrow{GOD} 葡萄糖酸内酯 + H_2O_2$$

$$2H_2O_2 + 4\text{-}氨基安替比林 + 酚 \xrightarrow{POD} 红色醌类化合物$$

【试剂】

1. 0.1mol/L 磷酸盐缓冲液（pH7.0）　称取无水磷酸氢二钠 8.67g 及无水磷酸二氢钾 5.3g 溶于 800ml 蒸馏水中，用 1mol/L 氢氧化钠（或 1mol/L 盐酸）调 pH 至 7.0，用蒸馏水定容至 1L。

2. 酶试剂　称取过氧化物酶 1200U，葡萄糖氧化酶 1200U，4-氨基安替比林 10mg，叠氮钠 100mg，溶于磷酸盐缓冲液 80ml 中，用 1mol/L NaOH 调 pH 至 7.0，用磷酸盐缓冲液定容至 100ml，置 4℃冰箱中保存，可稳定 3 个月。

3. 酚溶液　称取重蒸馏酚 100mg 溶于蒸馏水 100ml 中，用棕色瓶贮存。

4. 酶酚混合试剂　酶试剂及酚溶液等量混合，贮存于棕色瓶中，4℃冰箱中可以存放 1 个月。

5. 12mmol/L 苯甲酸溶液　于 900ml 蒸馏水中加入苯甲酸（MW 122.12）1.46g，加热助溶，冷却后置于 1L 容量瓶中，加蒸馏水至刻度。

6. 100mmol/L 葡萄糖标准贮存液　称取标准纯度的无水葡萄糖（MW 180.16，预先置于 80℃烤箱内干燥恒重后，移置于干燥器内保存）1.802g，以 12mmol/L 苯甲酸溶液溶解并转移到 100ml 容量瓶内，再以 12mmol/L 苯甲酸溶液稀释至 100ml 刻度处，至少放置 2h 后方可使用。

7. 5mmol/L 葡萄糖标准应用液　吸取葡萄糖标准贮存液 5ml，置于 100ml 容量瓶中，用 12mmol/L 苯甲酸溶液稀释至刻度，混匀。

【操作】

1. 取试管 3 支，按下表操作：

试剂	试管		
	空白管	标准管	测定管
蒸馏水（μl）	20.0	—	—
葡萄糖标准应用液（μl）	—	20.0	—
血清（μl）	—	—	20.0
酶酚混合试剂（ml）	3.0	3.0	3.0

2. 将各管混匀，置 37℃水浴中保温 15min，取出冷却至室温，用空白管调零，于波长 505nm 处分别读取各管的吸光度（A）。

【结果】

$$血清葡萄糖(mmol/L)=\frac{测定管吸光度值}{标准管吸光度值}\times标准液浓度$$

【注意事项】

1. 标本置于室温时，葡萄糖浓度每小时大约会降低5%，因此采血后应立即测定。

2. 葡萄糖氧化酶仅对β-D葡萄糖高度特异，溶液中的葡萄糖约36%为α型，64%为β型。葡萄糖的完全氧化需要α型到β型的变旋过程。国外有些商品化葡萄糖氧化酶试剂盒中含有葡萄糖变旋酶，可加速这一过程，这在极谱法测定葡萄糖（速率法）中尤为重要。但在终点法中，延长孵育时间即可完成自发变旋过程。新配制的葡萄糖标准液主要是α型，因此必须放置2h以上（最好过夜），待变旋平衡后方可应用。

3. 葡萄糖氧化酶法可直接测定脑脊液的葡萄糖含量，但不能直接测定尿液的葡萄糖含量。因为尿液中尿酸等干扰物质浓度过高，可干扰过氧化物酶反应，造成结果假性偏低。

（赵家坤）

实验二十一　激素对血糖浓度的影响

【原理】

人和动物血糖浓度受多种激素调节而维持稳定。降低血糖的激素是胰岛素，而升高血糖的激素主要有肾上腺素、胰高血糖素、肾上腺皮质激素等。

本实验通过测定家兔注射胰岛素和肾上腺素前后血糖浓度的变化来观察激素对血糖浓度的影响。

【试剂】

1. 胰岛素注射液

2. 肾上腺素注射液（1mg/ml）

【操作】

1. 动物准备　取正常家兔 2 只，饥饿 16h，称体重。

2. 取血　剪去兔耳缘上的毛，擦少许二甲苯，使血管扩张。在放血部位涂一层凡士林，用粗针头刺破静脉放血，将血液收集于试管中。每只家兔各取血 2ml，用干棉球压迫止血。

3. 药物处理　两只兔取血后，其中一只皮下注射胰岛素（用量按 1U/kg 体重计），1h 后再取血。取血后立即腹腔或皮下注射 25%葡萄糖液 10ml，以免家兔因胰岛素性休克而死亡；另一只皮下注射肾上腺素（用量按 0.4mg/kg 体重计），记录时间，30min 后再取血。

4. 将收集的各次血离心，取血清备用。

5. 测定各次血样本的血糖含量，比较注射药物前后的血糖含量。血糖测定方法参见实验二十血糖的测定。

【结果】

比较注射激素前后家兔的血糖含量，并计算注射胰岛素后血糖降低和注射肾上腺素后血糖升高的百分率。

（赵家坤）

实验二十二 剧烈运动对尿中乳酸含量的影响

【原理】

乳酸是糖酵解的终产物。剧烈运动时，机体在氧气供应相对不足的情况下，糖酵解作用加强，生成的大量乳酸可由尿排出。

乳酸与浓硫酸共热可形成乙醛，乙醛与白藜芦素（化学名称：邻二甲氧基苯或邻苯二酚二甲基醚）作用，生成桃红色化合物，本实验利用这一化学反应原理来鉴定尿中有无乳酸存在。

【试剂】

1. 浓 H_2SO_4（AR）

2. 0.2%白藜芦素液（用无水乙醇配制）

【操作】

1. 尿液收集　收集运动前尿液后将膀胱排空，然后饮水 500ml 左右，再做短时间剧烈运动，直至感觉疲劳、呼吸加速、心率加快，然后用同样的方法收集运动后尿液（不经常锻炼者按以上条件运动，效果尤为明显）。

2. 乳酸鉴定　取试管 2 支，按下表操作：

试剂（滴）	试管	
	1	2
尿液	3（运动前尿液）	3（运动后尿液）
浓硫酸	20	20
	摇匀，置沸水浴内煮沸 3～4min 后再冷却	
0.2%白藜芦素液	2	2

仔细观察两者的颜色区别，并解释。

（付丹丹）

实验二十三　血清乳酸脱氢酶活性测定（比色法）

【原理】

乳酸脱氢酶（lactate dehydrogenase，LDH）催化以下反应：

$$\text{L-乳酸} + NAD^+ \xrightarrow{LDH} \text{丙酮酸} + NADH + H^+$$

$$\text{丙酮酸} + \text{2,4-二硝基苯肼} \xrightarrow{NaOH} \underset{\text{(棕红色)}}{\text{2,4-二硝基苯胺}}$$

在反应过程中，乳酸氧化成丙酮酸，丙酮酸与2,4-二硝基苯肼反应生成丙酮酸二硝基苯腙，后者在碱性溶液中呈棕红色，最大吸收波长为440nm。其颜色的深浅与丙酮酸的浓度成正比，由测得的丙酮酸含量计算酶的活性。

【试剂】

1. 底物缓冲液（pH 8.8，含0.3mol/L乳酸锂）　称取二乙醇胺2.1g，乳酸锂2.9g，加蒸馏水约80ml，用1mol/L HCl调节pH至8.8，加蒸馏水至100ml。

2. 11.3mmol/L NAD^+溶液　称取NAD^+ 15mg（若含量为70%，则称取21.4mg），溶于2ml蒸馏水中，4℃可保存至少2周。

3. 1.0mmol/L 2,4-二硝基苯肼溶液　取2,4-二硝基苯肼198mg，加10mol/L HCl 100ml，待溶解后加蒸馏水至1L。于棕色瓶中室温放置。

4. 0.4mol/L NaOH溶液。

5. 0.5mmol/L丙酮酸标准液（临用前配制）　准确称取丙酮酸钠（AR级）11mg，以底物缓冲液溶解后，移入200ml容量瓶中，用底物缓冲液定容至刻度。

【操作】

1. 标准曲线的绘制　取试管6支，按下表操作：

试剂	试管					
	B	1	2	3	4	5
丙酮酸标准液（μl）	0	25	50	100	150	200
底物缓冲液（μl）	500	475	450	400	350	300
蒸馏水（μl）	110	110	110	110	110	110
2,4-二硝基苯肼溶液（μl）	500	500	500	500	500	500
	将各管置37℃水浴各15min					
0.4mol/L NaOH溶液（μl）	5000	5000	5000	5000	5000	5000
LDH活性（金氏）单位	0	125	250	500	750	1000

室温放置5min后，比色杯光径1.0cm，用B管调零，在波长440nm处读取各管吸光度。以吸光度为纵坐标，相应的酶活性单位为横坐标绘制标准曲线。

注意：LDH 活性单位定义为以 100ml 血清，37℃，作用 15min，产生 1mol 丙酮酸为一个金氏单位。

2. 血清乳酸脱氢酶活性的测定　取试管 4 支，按下表操作：

试剂（μl）	试管		
	空白管	质控管	测定管
蒸馏水	10	—	—
质控血清	—	10	—
血清	—	—	10
底物缓冲液	500	500	500
	将各管混匀置 37℃水浴 15min		
NAD^+ 溶液	—	100	100
	将各管混匀置 37℃水浴 15min		
2,4-二硝基苯肼溶液	500	500	500
NAD^+ 溶液	100	—	—
	将各管混匀置 37℃水浴 15min		
0.4mol/L NaOH 溶液	5000	5000	5000

混匀，室温放置 5min 后，比色杯光径 1.0cm，用蒸馏水调零，在波长 440nm 处读取各管的吸光度。

【结果】

以测定管与空白管吸光度之差值查标准曲线，求得酶活性。

【注意事项】

1. 乳酸锂、乳酸钾、乳酸钠虽然都可以作为 LDH 的底物，但后两种为水溶液，含量不准，存放不当易产生酮酸类物质而抑制酶促反应，目前已少用。乳酸锂为固体，稳定、易称量。

2. 除用二乙醇缓冲液外，还可用 Tris 或焦磷酸缓冲液。甘氨酸抑制 LDH 活性，不宜用甘氨酸缓冲液。

3. 标本严禁溶血，也不采用草酸盐、EDTA 抗凝血浆。血清标本室温可存放 2～3d 稳定，但不宜冷藏，因为 LDH_4、LDH_5 对冷不稳定。

4. 比色应在 15min 内完成，否则吸光度降低。

【临床意义】

正常值：190～437 金氏单位。

乳酸脱氢酶是一种存在于人体细胞液中的酶，组织中酶活性比血清高 1000 倍，所以即使少量的组织坏死释放出的酶，也能使血清中乳酸脱氢酶活性增高，这样使得其特异性也较差。

1. 升高　主要见于心肌梗死、肝硬化、肿瘤、肾病、低氧血症、外伤、肌肉受损、肌肉营养不良。此外，休克和低血压也可造成 LDH 增高。虽然和磷酸肌酸激酶相比，其活性增高出现较晚，阳性率也较低，但持续时间长，仍不失为诊断心肌梗死的一个有价值的指标。此外，也可辅助诊断肿瘤、肝癌等。

2. 降低　目前未发现有临床意义。

（付丹丹）

实验二十四　酮体的生成及其定性

【原理】

在肝中，脂肪酸经β-氧化生成乙酰辅酶A再缩合成乙酰乙酸、β-羟丁酸、丙酮，临床上把这三种物质总称为酮体。然而肝却不能利用酮体，必须经血液运至肝外组织，再转变为乙酰辅酶A而被氧化利用。

肝组织中含有合成酮体的酶系，用丁酸作为底物和肝组织匀浆一起保温后，有酮体生成，与含硝普钠的显色粉反应产生紫红色的化合物。与此对照，经同样处理的肌肉匀浆，因为缺乏酮体生成的酶系而不产生酮体，无显色反应。通过本实验能验证酮体生成部位并给予定性。

【试剂】

1. 生理盐水

2. 罗氏（Locke）溶液　氯化钠0.9g、氯化钾0.042g、氯化钙0.024g、碳酸氢钠0.02g、葡萄糖0.1g。将以上物质混合溶于水中，溶解后加入蒸馏水至100ml，置冰箱中保存备用。

3. 0.5mol/L丁酸溶液　取44.0g丁酸溶于0.1mol/L NaOH溶液中，并用0.1mol/L NaOH溶液稀释至1000ml。

4. 1/15mol/L磷酸盐缓冲液（pH7.6）　量取1/15mol/L Na_2HPO_4溶液86.8ml和1/15mol/L NaH_2PO_4溶液13.2ml混合即可。

5. 15%三氯醋酸溶液。

6. 显色粉　硝普钠1g、无水碳酸钠25g、硫酸铵25g混合后置于乳钵中磨成粉末，密封保存，严防受潮。

【操作】

1. 肝组织匀浆和肌肉组织匀浆的制备　取小鼠一只，断头处死，迅速剖腹，取出肝和双侧大腿肌肉，用生理盐水洗净血污，放于纸上吸去表面水分，分别称取5g并剪碎，分别放入两个研钵中并加入生理盐水（重量∶体积比为1∶3），研磨成匀浆备用。

2. 取试管4支，编号，按下表操作：

试剂（滴）	试管			
	1	2	3	4
罗氏溶液	15	15	15	15
0.5mol/L丁酸溶液	30	—	30	30
1/15mol/L磷酸盐缓冲液	15	15	15	15
肝匀浆	20	20	—	—
肌匀浆	—	—	—	20
蒸馏水	—	30	20	—

3. 将上列4支试管摇匀，放置于37℃恒温水浴中保温40～50min后，取出各管，各加入15%三氯醋酸20滴，摇匀混合，离心5min（3000r/min）。

4. 分别取出上述各管离心液放入有凹白瓷板上，每凹放入显色粉一小匙，观察所产生的颜色反应，并分析结果。

【思考题】

1. 酮体的生成和利用有何意义？

2. 如何通过实验验证酮体的生成部位？

（王文国　付丹丹）

实验二十五　血清总胆固醇测定

一、胆固醇氧化酶法

【原理】

血清中的胆固醇酯（cholesterol ester，CE）被胆固醇酯酶（cholesterol esterase，CEH）水解生成游离胆固醇（free cholesterol，FC）和游离脂肪酸（free fatty acids，FFA），胆固醇在胆固醇氧化酶（cholesterol oxidase，COD）的氧化作用下生成Δ^4胆甾烯酮和H_2O_2，H_2O_2在过氧化物酶（peroxidase，POD）的催化下，与4-氨基安替比林（4-AAP）及酚（三者合称PAP）反应，生成红色醌亚胺（Trinder反应）。醌亚胺的最大吸收峰在500nm左右，吸光度与标本中的胆固醇含量成正比。

$$\text{胆固醇酯}+H_2O \xrightarrow{CHE} \text{胆固醇}+\text{游离脂肪酸}$$

$$\text{胆固醇}+O_2 \xrightarrow{COD} \Delta^4-\text{胆甾烯酮}+H_2O_2$$

$$2H_2O_2+4-AAP+\text{酚} \xrightarrow{POD} \text{醌亚胺(红色化合物)}+4H_2O$$

【试剂与材料】

1. 胆固醇测定单试剂组成

哌嗪-N，N′-双（2-乙基磺酸）	75mmol/L
(PIPES)(pH6.8)	
Mg^{2+}	10 mmol/L
胆酸钠	3 mmol/L
CEH	>800U/L
COD	>500U/L
POD	>1 000U/L
4-AAP	0.5 mmol/L
酚	3.5mmol/L
聚氧乙烯类表面活性剂	3g/L

2. 胆固醇标准液5.17mmol/L（200mg/L）　精确称取胆固醇200mg，用异丙醇配成100ml溶液，分装后4℃保存，临用前取出。也可用定值的参考血清作标准。

【操作方法】

取试管4支，终点法手工检测总胆固醇（tolal cholesterol，TC），按下表操作：

氧化酶法测定TC操作步骤

加入物（μl）	试管		
	空白管	标准管	测定管
去离子水	10	—	—
标准液或定值血清	—	10	—
血清	—	—	10
单试剂	1000	1000	1000

各管混匀后，置37℃水浴中保温5min，以试剂空白调零，于500nm波长处比色读出各管吸光度，按下式计算结果：

$$\text{血清 TC(mmol/L)}=\frac{\text{测定管吸光度}}{\text{标准管吸光度}}\times\text{胆固醇标准液浓度}$$

【参考区间】

TC<5.18mmol/L为合适范围；5.18～6.19mmol/L为边缘升高；≥6.22 mmol/L为升高。

二、硫磷铁法

【原理】

血清经无水乙醇处理后，蛋白变性沉淀，上清液中胆固醇及其酯与浓硫酸及三价铁离子作用，生成较稳定的紫红色化合物。再与同样处理的胆固醇标准液进行比色，求得其含量。

【试剂】

1. 显色剂

（1）贮存液：取三氯化铁（$FeCl_3 \cdot 6H_2O$）2.5g溶于87%浓磷酸内，加浓磷酸至100ml，避光、室温下可长期保存。

（2）应用液：取贮存液8ml，加浓硫酸至100ml。

2. 无水乙醇（AR）

3. 胆固醇标准液

（1）胆固醇标准液贮存液（2mg/ml）：精确称取胆固醇（重结晶）200mg溶于无水乙醇100ml，4℃冰箱贮存。

（2）胆固醇标准液应用液（0.04mg/ml）：准确吸取贮存液2ml，用无水乙醇稀释至100ml，4℃冰箱贮存，使用时预温至室温。

【操作】

1. 标本准备　标准应用液及标本在25℃±1℃水浴中预温约20min，冰冻的标本要更长时间。

2. 胆固醇的提取　准确吸取0.1ml血清放于中号试管底，随之对准血清吹入无水乙醇4.9ml，使蛋白质分散成很细小的沉淀。然后用力振摇10s，室温下静置5min后再摇匀沉淀，2000r/min离心10min，取上清液备用。

3. 加样　取中号试管3支，按下表操作：

试剂（ml）	试管		
	测定管	标准管	空白管
上清液	2	—	—
胆固醇标准应用液	—	2	—
无水乙醇	—	—	2
显色剂（沿管壁缓缓加入）	2	2	2

4. 比色测定　将上述各管加完后，可看到显色剂与管内乙醇液分成两层，立即迅速振摇15～20次，静置冷却15min，然后于550nm波长处以空白管调"0"点，分别测定各管光密度。

【结果】

$$\text{血清胆固醇(mmol/L)}=\frac{\text{测定管光密度}}{\text{标准管光密度}}\times 5\times 0.04\times 2\times \frac{100}{0.1\times 2}\times 0.026$$

$$=\frac{\text{测定管光密度}}{\text{标准管光密度}}\times 200\times 0.026$$

【注意事项】

1. 胆固醇必须纯、干、白色，如已变色，则要进行重结晶。

2. 标准液要防止乙醇挥发，以免标准液浓度增大。

3. 乙醇沉淀蛋白质要吹入或边加边摇动试管，使其成细小颗粒，否则结果值偏低。

4. 显色剂要沿管壁缓慢加入，不能边加边摇。待全部加完后，立即振打摇匀，以便产生足够热量（>80℃）。

5. 本实验所用药品、器材都要清洁、干燥、无水。

【临床意义】

1. 高胆固醇血症是冠状动脉粥样硬化性心脏病（冠心病）的主要危险因素之一。TC增高常见于动脉粥样硬化、原发性高脂血症（如家族性高胆固醇血症、家族性ApoB缺陷症、多源性高胆固醇血症、混合性高脂蛋白血症等）、糖尿病、肾病综合征、胆总管阻塞、甲状腺功能减退、肥大性骨关节炎、老年性白内障和银屑病患者。

2. TC降低常见于低脂蛋白血症、贫血、败血症、甲状腺功能亢进、肝病、严重感染、营养不良、肠道吸收不良和药物治疗过程中的溶血性黄疸及慢性消耗性疾病，如癌症晚期等。

（刘观昌）

实验二十六　血清高密度脂蛋白-胆固醇的测定

（磷钨酸-镁沉淀法）

血浆脂蛋白包括高密度脂蛋白（high density lipoprotein，HDL）、低密度脂蛋白（low density lipoprotein，LDL）、极低密度脂蛋白（very low density lipoprotein，VLDL）、乳糜微粒（chylomicron，CM）、Lp（a）。由于脂蛋白是蛋白质、胆固醇、三酰甘油和磷脂的复合体，较难定量。但其中的胆固醇含量较为稳定，因此目前以测定脂蛋白中胆固醇含量的方法对脂蛋白进行定量，即以 HDL、LDL 或 VLDL 中的胆固醇含量代表各自含量，并分别称为高密度脂蛋白胆固醇（HDL－C）、低密度脂蛋白胆固醇（LDL－C）或极低密度脂蛋白胆固醇（VLDL－C）。

血清 HDL－C 测定时，通常需根据各种脂蛋白的密度、颗粒大小、电荷等的差异，采用不同方法将 HDL 与其他脂蛋白分离开，然后测定 HDL 中胆固醇的含量。

目前临床实验室测定 HDL－C 的方法大致可分为三类。第一类为化学沉淀法，常以聚阴离子/多阴离子为沉淀剂，如磷钨酸（PTA）、硫酸葡聚糖（DS）、肝素或非离子多聚体如聚乙二醇（PEG）与某些两价阳离子（如 Mg^{2+}、Ca^{2+}、Mn^{2+}）联合使用。但此类方法常因含 ApoB 的脂蛋白组分，沉淀不完全而导致结果假性偏高。第二类采用简便的磁珠 DS－Mg^{2+} 分离法，可省去离心步骤，但因需要特殊装置和试剂而不适于推广应用。第三类为匀相测定法，即直接测定法。其特点为：标本用量少，不需沉淀处理，可用于自动生化分析仪测定，准确度和精密度均达到标准，该法已由中华医学会检验学会血脂专题委员会推荐作为临床实验室测定 HDL－C 的常规方法。

【原理】

采用大分子多阴离子化合物（磷钨酸盐）与两价阳离子（镁离子）作为沉淀剂沉淀血清中的 LDL、VLDL 和 Lp（a）后，上清液中只含有 HDL，然后用胆固醇测定方法测定其中的胆固醇含量（与酶法测 TC 相同）。以 HDL 中的胆固醇含量（即 HDL－C）作为 HDL 的定量依据。

【试剂与材料】

1. 沉淀剂　称取磷钨酸钠 0.44 g 和氯化镁（$MgCl_2 \cdot 6H_2O$）1.10 g，均为 AR，溶于蒸馏水 80ml 中，以 1mmol/L NaOH 调 pH 至 6.15，再加蒸馏水定容至 100ml，此试剂可稳定 1 年。

2. 酶试剂　同实验"胆固醇氧化酶法测定血清总胆固醇"。

3. 参考血清　使用低浓度胆固醇的定值血清，或将 TC 测定用定值血清进行 1∶2 或 1∶3稀释后再用。

【操作方法】

取试管 3 支，分别加血清、标准液或定值血清、质控血清各 200μl，在三管中分别加入沉淀剂各 200μl，充分混匀，置室温放置 10min 后，3000r/min 离心 15min，吸取上清液按下表进行操作。如果上清液浑浊，则需再以转速 10 000r/min 离心 15min。

试剂（μl）	试管		
	空白管	标准管	测定管
蒸馏水	50	—	50
定值血清上清液	—	50	—
血清上清液	—	—	50
酶试剂	2000	2000	2000

将各管混匀，置37℃水浴5min后取出，于波长500nm处以空白管调零，测定各管吸光度。

【结果】

$$\text{HDL-C(mmol/L)}=\frac{A_{测定管}}{A_{标准管}}\times 定值血清胆固醇浓度$$

【参考区间】

血清 HDL－C 合适范围：≥1.04 mmol/L；

降低：<1.04 mmol/L；

升高：≥1.55 mmol/L。

【注意事项】

1. 血清在室温条件下，各类型脂蛋白之间还会发生脂质交换，游离的胆固醇也会不断酯化，所以要及时测定，否则应该冰冻保存，但是不可反复冻融，解冻后应立即测定。

2. 离心过程中应该防止温度升高使沉淀不完全，室温应为15～25℃，且离心后应立即吸取上清液进行测定，否则结果会偏高。

3. 血清严重浑浊时，可以将血清用生理盐水按1∶1稀释后再沉淀，测定值乘以2即为实际值。

4. 加磷钨酸钠后需充分混匀再加氯化镁，否则，磷钨酸钠和氯化镁作用形成稳定的复合物，镁离子浓度降低，使低密度脂蛋白和极低密度脂蛋白沉淀不充分、结果偏高。

【临床意义】

流行病学研究表明，HDL－C与冠心病发病呈负相关，低于0.9mmol/L是冠心病的危险因素，大于1.55mmol/L被认为是冠心病的“负”危险因素。

HDL－C降低多见于脑血管疾病、糖尿病、肝炎、肝硬化患者。高TG血症往往伴有低HDL－C，肥胖者HDL－C也多偏低。吸烟可使HDL－C下降，适量饮酒、长期体力劳动和运动会使HDL－C升高。

（刘观昌）

实验二十七　血清三酰甘油测定

三酰甘油（triglyeeride，TG）的测定分为化学法和酶法。化学法可使用正庚烷-异丙醇混合溶剂等从血清中抽提出三酰甘油，再经过皂化、氧化、显色反应进行测定，乙酰丙酮显色法是目前较为常用的化学法。酶法测定三酰甘油具有简便、快速、微量且试剂较稳定等优点，适用于手工和自动化测定，已成为常规测定方法。

一、分溶抽提-乙酰丙酮显色法

【原理】

血清三酰甘油经过正庚烷-异丙醇混合溶剂抽提，用氢氧化钾皂化生成甘油，在过碘酸的作用下甘油被氧化为甲醛，在有铵离子存在的条件下，甲醛和乙酰丙酮发生缩合反应生成带荧光的黄色物质即3,5-二乙酰-1,4-二氢二甲基吡啶（Hantgsch反应），溶液颜色的深浅与TG浓度成正比。

【试剂】

1. 抽提液　取正庚烷（AR）和异丙醇（AR）以4∶7（V/V）比例混合均匀。

2. 40mmol/L H_2SO_4溶液　取浓硫酸2.24ml（根据比重和百分含量而定）加蒸馏水稀释至1000ml。

3. 皂化剂　称取氢氧化钾6.0g溶于蒸馏水60ml中，再加异丙醇40ml，混匀后置棕色瓶中室温保存。

4. 氧化剂　称取过碘酸钠65mg，溶于蒸馏水约50ml中，再加入无水醋酸铵7.7g，溶解后加冰醋酸6ml，最后加蒸馏水至100ml，置棕色瓶中室温保存。

5. 显色剂　取乙酰丙酮0.4ml加到异丙醇100ml中，混匀后置棕色瓶中室温保存。

6. 三酰甘油标准液2.26mmol/L（200mg/dl）　准确称取三酰甘油（平均分子量：885.4）200mg，溶于抽提剂，以100ml容量瓶定容，分装后置4℃冰箱中保存。

【操作】

取洁净、干燥试管3支，按下表操作：

试剂（ml）	试管		
	空白管	标准管	测定管
蒸馏水	0.2	—	—
标准液	—	0.2	—
血清	—	—	0.2
抽提剂	2.5	2.5	2.5
40mmol/L H_2SO_4	0.5	0.5	0.5

各管边加液边振摇，加完后充分振摇 20s，静置待分层后，分别吸取各管的上层液 0.3ml，放入各相应标记的试管中，然后按下表操作：

试剂（ml）	试管		
	空白管	标准管	测定管
上清液	0.3	0.3	0.3
皂化剂	1.0	1.0	1.0
加入皂化剂后，充分混匀各管，56℃水浴保温 5min，然后再分别加入下列试剂			
氧化剂	1.0	1.0	1.0
显色剂	1.0	1.0	1.0

加每一种试剂后均应充分混匀各管，56℃水浴保温 25min，取出流水冷却至室温，用分光光度计于 415nm 波长处比色，以空白管调零，测出各管的吸光度。

【计算】

$$血清\ TG(mmol/L)=\frac{A_{测定管}}{A_{标准管}}\times 标准液浓度\times 1.129$$

【注意事项】

1. 显色后吸光度随时间延长会有一定量的增高，故加样后要立即比色，当标本过多时，可置冰箱中逐管进行比色。

2. 皂化、氧化及显色的时间和温度对吸光度均会有影响，所以每测定一批都应该同时做标准对照。

3. TG 在 12.93mmol/L 以下时，线性关系良好，当血清明显浑浊时，可用生理盐水做倍比稀释后再测。

4. 本方法所用试剂较稳定，室温下可保存半年，分装使用可避免因试剂污染而引起的空白值升高。

5. 甘油被过碘酸氧化成甲醛的反应是非特异的，血清中磷脂、葡萄糖、游离甘油等也会被非特异地氧化，本实验方法中采用了分溶抽提，TG 分配在正庚烷相中，而磷脂等则分配在异丙醇-水相中，提高了反应的特异性。

【思考题】

1. 本实验各步骤中，试剂的作用是什么？

2. 血清三酰甘油测定的临床意义是什么？

二、磷酸甘油氧化酶（GPO－PAP）法

【原理】

血清中三酰甘油经脂蛋白脂酶作用，可以水解为甘油和游离脂肪酸，甘油在 ATP 和甘油激酶（glycerokinase，GK）的作用下，生成 3－磷酸甘油，再经磷酸甘油氧化酶(glycerophosphate oxidas，GPO）作用氧化生成磷酸二羟丙酮和过氧化氢（H_2O_2），H_2O_2与 4－氨

基安替比啉（4-AAP）及4-氯酚在过氧化物酶（POD）作用下，生成红色醌类化物，其显色程度与TG的浓度成正比。在波长500nm处测定其吸光度，对照标准计算出TG含量。

反应式如下：

$$三酰甘油 + H_2O \xrightarrow{LPL} 甘油 + 3\ 脂肪酸$$

$$甘油 + ATP \xrightarrow{GK, Mg^{2+}} 3-磷酸甘油 + ADP$$

$$3-磷酸甘油 + O_2 + 2H_2O \xrightarrow{GPO} 磷酸二羟丙酮 + 2H_2O_2$$

$$H_2O_2 + 4-AAP + 4-氯酚 \xrightarrow{POD} 苯醌亚胺 + 2H_2O + HCl$$

【试剂】

1. 三酰甘油测定单试剂组成

组成成分	含量
PIPES缓冲液（pH6.8）	50mmol/L
LPL	>2000U/L
GK	>250U/L
GPO	>3000U/L
POD	>1000U/L
$MgCl_2$	40 mmol/L
胆酸钠	3.5 mmol/L
ATP	≥1.4 mmol/L
4-AAP	≥1.0 mmol/L
4-氯酚	3.5mmol/L
高铁氰化钾	10μmol/L
表面活性剂	0.1g/L

2. 甘油三酯标准液2.26mmol/L（200mg/dl）　准确称取高纯度三酰甘油（分子量：885.4）200mg加TritonX-100 5ml，用蒸馏水定容至100ml，分装后于4℃保存，切勿冰冻保存。

【操作】

取试管3支，按下表操作：

试剂（μl）	试管		
	空白管	标准管	测定管
去离子水	10	—	—
标准液	—	10	—
血清	—	—	10
酶试剂	1000	1000	1000

将各管混匀后，37℃水浴5min，取出各管冷却至室温后用分光光度计比色，以空白管调零，于500nm波长处测各管的吸光度。

【结果】

$$\text{血清 TG(mmol/L)}=\frac{A_{\text{测定管}}}{A_{\text{标准管}}}\times\text{标准液浓渡}$$

【正常值】

血清TG合适范围：≤1.70mmol/L（150mg/dl）；

边缘升高：>1.70～2.25mmol/L（150～199mg/dl）；

升高：>2.26mmol/L（200 mg/dl）为升高。

【注意事项】

1. 血清或者血浆均可用于TG测定，但后者结果比前者低3%。故如用血浆标本应乘以校准系数1.03。

2. 血清TG易受饮食的影响，在进食脂肪后可导致血清中三酰甘油明显上升，2～4h即可出现血清浑浊，8h后接近空腹水平。因此，要求空腹采血，并要求72h内不饮酒，否则会使检测结果偏高。

3. 血清或者血浆标本贮于密闭瓶内2～8℃存放，1周内TG稳定，置-20℃数个月内稳定。

4. 方法中所用酶试剂在4℃避光保存，至少可稳定3天至1周，出现红色时不可再用，试剂空白的吸光度应≤0.05。

【临床意义】

1. 血清TG增高常见于家族性脂类代谢紊乱、肾病综合征、糖尿病、甲状腺功能减退、急性胰腺炎、糖原累积病、胆道梗阻、原发性三酰甘油增高症、动脉粥样硬化等。

2. 血清TG降低比较少见，慢性阻塞性肺疾病、脑梗死、甲状腺功能亢进、营养不良和消化吸收不良综合征等可引起血清TG降低。

【思考题】

1. 简述磷酸甘油氧化酶法测定血清TG的基本原理。

2. 血清TG测定对家族性脂类代谢紊乱等疾病诊断的临床意义有哪些？

（孔令银）

实验二十八　血清尿素氮的测定

尿素是体内氨基酸分解代谢终产物之一，在肝内经鸟氨酸循环合成，然后主要经肾随尿排出体外。血尿素氮（blood urea nitrogen，BUN）约占血非蛋白含氮化合物（非蛋白氮，nonprotein nitrogen，NPN）的1/3～1/2，故血NPN量主要决定于尿素含量，患病时常因尿素氮升高而引起NPN升高，测定尿素氮能更准确地反映肾功能情况。目前临床上BUN的测定已取代了NPN的测定。

【原理】

血清中的尿素氮在氨基硫脲存在下，与二乙酰一肟在强酸溶液中，经Fe^{3+}的催化发生缩合，生成红色复合物（二嗪衍生物），其颜色深浅与标本中尿素含量成正比，与同样处理的尿素标准液比较，可求出血清中尿素含量。此法灵敏、简便、特异性高、正常血清中干扰因子少，故可以不除去血清蛋白。

其反应式如下：

$$\text{二乙酰一肟} + H_2O \xrightarrow{H^+} \text{双乙酰} + \text{羟胺}$$

$$\text{双乙酰} + \text{尿素} \xrightarrow{H^+} \text{二嗪衍生物(红色复合物)}$$

【试剂】

1. 二乙酰一肟-硫氨脲液（在DAN－TS）　准确称取二乙酰一肟0.6g，硫氨脲0.03g，溶于少量蒸馏水中，再用蒸馏水稀释到100ml。此溶液在室温下是稳定的，几天后会出现淡黄色，不干扰反应。

2. 酸混合液　取氯化铁100mg，浓磷酸2mg，溶解后加水1ml，在上述3ml溶液中准确吸取1ml，以7.5%硫酸稀释至1000ml。

3. 尿素氮标准存储液（1ml＝1mg氮）　称取尿素（AR）2.143g加0.01mol/L硫酸溶解，并加至1000ml，置4℃冰箱内保存。

4. 尿素氮标准应用液Ⅰ（1ml＝0.05mg氮）　吸取尿素氮标准液2.5ml加0.01mol/L硫酸至100ml。

5. 尿素氮标准应用液Ⅱ（1ml＝0.005mg氮）　吸取尿素氮标准应用液Ⅰ20ml加0.01mol/L硫酸至100ml。

【操作】

取试管3支，分别标号，按下表操作：

试剂（ml）	试管		
	测定管	标准管	空白管
血清（浆）	0.02	—	—
蒸馏水	0.5	0.1	0.5
尿素氮标准应用液Ⅱ	—	0.4	—
二乙酰一肟-硫氨脲液	0.5	0.5	0.5
酸混合液	4.0	4.0	4.0

混匀，置沸水浴中，准确煮沸 10min，置流水中冷却后比色。以空白管凋零（因空白管基本上是无色的，通常可不作空白管，以水作空白凋零即可），于 500nm 波长处比色，分别测定标准及测定管吸光度，按下式公式计算结果。

【计算】

$$BUN(mmol/L)=\frac{测定管光密度}{标准管光密度}\times 0.02\times\frac{100}{0.02}\times 0.357$$

$$=\frac{测定管光密度}{标准管光密度}\times 35.7$$

标准曲线制法：本法标准液不够稳定，适于用标准曲线计算结果，其曲线制备法见下表：

试剂（ml）	试管				
	1	2	3	4	5
尿素氮标准应用液Ⅰ	0	0.08	0.16	0.24	0.32
蒸馏水	0.5	0.42	0.34	0.26	0.18
二乙酰一肟-硫胺脲液	0.50	0.50	0.50	0.50	0.50
酸混合液	4.00	4.00	4.00	4.00	4.00
含 BUN（%）	0	10.00	20.00	30.00	40.00

混匀，置沸水中准确煮沸 10min，置流水中冷却后比色。以空白管凋零，于 500nm 波长处测定各管吸光度。以 BUN 含量为纵坐标，以吸光度为横坐标并绘制出标准曲线。

【临床意义】

正常值：3.2～7mmol/L

血液尿素氮是非蛋白氮的主要成分，约占 50%，非蛋白氮增高时，尿素氮也相应增高。但两者并非完全成正比，特别是肾功能减退时，BUN 在 NPN 类物质中变化最早、增高最明显，有时占 NPN 的 80%以上，故血液 BUN 测定是较 NPN 更为敏感的肾功能检测指标。

【注意事项】

1. 本法测定结果易受煮沸时间和煮沸时液体蒸发量的影响。因此，测定时所用试管口径和煮沸时间应完全与绘制标准曲线时一致，否则易引起误差。

2. 实验证明煮沸时间以 10min 为好，此时显色较深且色泽稳定。

3. 血清中尿酸、肌酐、氨基酸等含氮物质对本实验无干扰。

4. 如 BUN 大于 14mmol/L 时，应将血标本稀释后测定，结果乘以稀释倍数。

5. 溶血、黄疸、脂血症对本法无显著影响。

6. 反应需在强酸中进行，产生的羟胺是干扰物质，可用硫酸盐、砷酸、过氧酸等物质将羟胺气体除去。在呈色反应中产生的有色复合物对光不稳定，加入氨基硫脲可增加其稳定性，还可提高尿素与双乙酰反应的灵敏度。氨基与镉离子结合使用，更能提高其灵敏度。

（孔令银）

实验二十九　血清谷丙转氨酶活性的测定

一、赖氏比色法

【原理】

谷丙转氨酶（ALT）能催化 L-丙氨酸与 α-酮戊二酸间的氨基移换反应，生成 α-丙酮酸和 L-谷氨酸。酶促反应 30min 后，加入显色剂 2,4-二硝基苯肼溶液终止反应，并与反应液中的两种 α-酮酸生成相应的 2,4-二硝基苯腙（丙酮酸苯腙和 α-酮戊二酸苯腙）。在碱性条件下，两种苯腙的吸收光谱曲线有差别，在 500～520nm 处差异最大，以等摩尔浓度计算，丙酮酸苯腙的呈色强度约为 α-酮戊二酸苯腙的 3 倍。据此可以计算出丙酮酸的生成量，推算出 ALT 的活性单位。

$$\text{L-丙氨酸} + \alpha\text{-酮戊二酸} \xrightarrow{\text{ALT}} \alpha\text{-丙酮酸} + \text{L-谷氨酸}$$

$$\alpha\text{-丙酮酸} + 2,4\text{-二硝基苯肼} \xrightarrow{\text{碱性条件}} 2,4\text{-二硝基苯腙}(\text{红棕色}, \lambda_m = 505\text{nm})$$

【试剂】

1. 0.1mol/L 磷酸二氢钾溶液　称取 KH_2PO_4 13.61g，溶解于蒸馏水中，并加蒸馏水至 1000ml，4℃保存。

2. 0.1mol/L 磷酸氢二钠溶液　称取 Na_2HPO_4 14.22g，溶解于蒸馏水中，并稀释至 1000ml，4℃保存。

3. 0.1mol/L 磷酸盐缓冲液（pH7.4）　取 0.1mol/L 磷酸氢二钠溶液 420ml 和 0.1mol/L 磷酸二氢钾溶液 80ml，混匀，即为 pH7.4 的磷酸盐缓冲液。加三氯甲烷数滴，4℃保存。

4. 基质缓冲液　其中含 0.2mol/L 丙氨酸，2.0mmol/L α-酮戊二酸。精确称取 L-丙氨酸 1.79g、α-酮戊二酸 29.2mg，溶于 0.1mol/L 磷酸盐缓冲液约 50ml 中，用 1mol/L NaOH 调 pH 至 7.4，再加磷酸盐缓冲液至 100ml。每升底物缓冲液中可加入麝香草酚 0.9g 或加三氯甲烷防腐，4～6℃保存，该溶液可稳定 2 周。

5. 1.0mmol/L 2,4-硝基苯肼溶液　称取 2,4-二硝基苯肼（AR）19.8mg，溶于 1.0mol/L 盐酸 100ml，置棕色玻璃瓶中，室温保存。若有结晶析出，应重新配制。

6. 0.4mol/L NaOH 溶液　称取 NaOH 1.6g 溶解于蒸馏水中，并加蒸馏水至 100ml，置于带有塑料塞的试剂瓶内，室温下可长期稳定保存。

7. 2.0mmol/L 丙酮酸标准液　准确称取丙酮酸钠（AR）22.0mg，置于 100ml 容量瓶中，加 0.05mol/L 硫酸至刻度。丙酮酸不稳定，开封后易聚合为多聚丙酮酸，需干燥后使用。

【操作】

1. ALT 标准曲线绘制　取试管 5 支，按下表操作：

试剂	试管				
	1	2	3	4	5
0.1mol/L 磷酸盐缓冲液（ml）	0.1	0.1	0.1	0.1	0.1
2.0mmol/L 丙酮酸标准液（ml）	0	0.05	0.10	0.15	0.20
基质缓冲液（ml）	0.50	0.45	0.40	0.35	0.30
1.0mmol/L 2,4-二硝基苯肼（ml）	0.5	0.5	0.5	0.5	0.5
	混匀各管，置 37℃水浴中水浴 20min				
0.4mol/LNaOH（ml）	5	5	5	5	5
相当于酶活性浓度（卡门单位）	0	28	57	97	150

混匀各管，放置 5min。于 505nm 波长处以蒸馏水调零，测定各管吸光度。各管吸光度减去“1”号管吸光度为该管的吸光度值。

以各管的吸光度值为纵坐标，对应酶的活性浓度（卡门单位）为横坐标作图，用平滑曲线表示即为标准曲线。

2. 标本的测定

（1）在测定前先取适量的底物溶液和待测血清，在 37℃水浴预温 5min 后方可使用。具体操作方法按下表进行：

赖氏法测定 ALT 操作步骤

加入物（ml）	试管		
	对照管	标准管	测定管
待测血清	0.1	—	0.1
质控血清	—	0.1	—
基质缓冲液	—	0.5	0.5
	混匀，置 37℃水浴 30min		
1.0mmol/L 2,4 二硝基苯肼	0.5	0.5	0.5
基质缓冲液	0.5	—	—
	混匀后，置 37℃水浴 20min		
0.4mol/L NaOH 溶液	5.0	5.0	5.0

（2）室温放置 5min，于 505nm 波长处以蒸馏水调零，读取各管吸光度。

【结果】

测定管吸光度减去对照管吸光度即为标本的吸光度，查标准曲线，即可得到 ALT 的卡门单位。或按以下公式计算：

$$ALT(U/L)=\Delta A/\min\times\frac{10^6}{\varepsilon}\times\frac{TV}{SV}=\Delta A/\min\times\frac{10^6}{6220}\times\frac{1.1}{0.1}=\Delta A/\min\times1768$$

【参考区间】

5～25 卡门单位。

赖氏法套用速率法的卡门单位，定义为：血清 1ml，反应液总体积 3ml，反应温度 25℃，波长 340nm，比色杯光径 1.0cm，每分钟吸光度下降 0.001 为一个卡门单位（相当于 0.48U）。

二、速率法

【原理】

在 ALT 速率法测定中酶偶联反应式为：

$$L\text{-丙氨酸}+\alpha\text{-酮戊二酸}\xrightarrow{ALT}\alpha\text{-丙酮酸}+L\text{-谷氨酸}$$

$$\alpha\text{-丙酮酸}+NADH\xrightarrow{LDH}\text{乳酸}+NAD^+$$

上述偶联反应中，NADH 的氧化速率与标本中酶活性成正比。在 340nm 波长处 NADH 呈现特征性吸收峰，而 NAD^+ 则没有。因此，可于 340nm 波长处监测吸光度的下降速率（-ΔA/min），计算出 ALT 的活性单位。

（一）单试剂法

血清与（试剂成分完整的）底物溶液混合，ALT 催化反应立即开始，于 340nm 波长处，比色杯光径 1.0 cm，37℃经 90s 延滞期后连续监测吸光度下降速率。根据线性反应期吸光度下降速率（- ΔA/min），计算出 ALT 活力单位。

【试剂与材料】

1. 试剂成分和在反应液中的参考浓度

pH	7.15±0.05
Tris - HCI 缓冲液	100mmol/L
L -丙氨酸	500mmol/L
α -酮戊二酸	15mmol/L
NADH	0.18mmol/L
磷酸吡哆醛（P5′P）	0.1mmol/L
乳酸脱氢酶	1700U/L

2. 市售 ALT 底物的复溶及保存　按试剂盒说明书规定操作。但起始吸光度（A）必须大于 1.2A，试剂空白测定值必须小于 5U/L。达不到要求者，视为此试剂已不合格，不能使用。

【操作方法】

具体操作程序根据各医院拥有的自动生化分析仪型号及操作说明书而定。

1. 血清稀释度　以 100μl 血清加 1000μl ALT 底物溶液为例，稀释倍数为 11。血清占总反应液体积分数为 0.0909。

2. 主要参数

系数	1768
孵育时间	90s

连续监测时间	60s
比色杯光径	1.00cm
波长	340nm
吸样量	500μl
温度	37℃

【结果】

$$ALT(U/L)=\Delta A/\min\times\frac{10^6}{\varepsilon}\times\frac{TV}{SV}=\Delta A/\min\times\frac{10^6}{6220}\times\frac{1.1}{0.1}=\Delta A/\min\times1768$$

式中，6220为NADH在340nm波长处、比色杯光径1.0cm时的吸光度。

（二）双试剂法（两步法）

血清与（缺少α-酮戊二酸的）底物溶液混合，37℃保温5min，使样本中所含的α-酮酸（如丙酮酸）引起的副反应进行完毕，然后加入α-酮戊二酸启动ALT的催化反应，在340nm波长处连续监测吸光度下降速率。根据线性期吸光度下降速率（-ΔA/min），计算出ALT活力单位。

【试剂与材料】

试剂（Ⅰ）：	Tris缓冲液	100mmol/L
	L-丙氨酸	500mmol/L
	NADH	0.18mmol/L
	LDH	1700U/L
	pH	7.15±0.05
	磷酸吡哆醛（P5′P）	0.1mmol/L
试剂（Ⅱ）：	α-酮戊二酸	15mmol/L

【操作方法】

血清100μl，加试剂（Ⅰ）1000μl，混匀，37℃温育5min。然后加入试剂（Ⅱ）100μl，混匀，启动ALT催化反应。在340nm波长处，比色杯光径1.0cm、延滞期30s时连续监测吸光度下降速率约60s。根据线性期的-ΔA/min，计算出ALT活力。

【结果】

1. 血清稀释倍数为12，血清占反应液体积分数为0.0833。
2. 计算

$$ALT(U/L)=\Delta A/\min\times\frac{10^6}{6220}\times\frac{1.2}{0.1}=\Delta A/\min\times1929$$

【参考区间】

男性：5～40U/L；女性：5～35U/L。

临床意义：正常情况下，谷丙转氨酶存在于机体的各组织，以肝含量最高，而血清中活性最低。当肝细胞坏死细胞膜破裂或某些原因使细胞膜通透性增加时，酶大量释放入血，血清中谷丙转氨酶活性明显增高，所以在临床上测定此酶的活性有助于对肝病的诊断，也可作为观察疗效和预后的指标之一。

（韦　岩）

实验三十 血清钾的测定

一、四苯硼钠比色法

【原理】

血清中的钾离子与四苯硼钠作用形成不溶于水的四苯硼钾，产生的浊度与钾离子浓度成正比。将标准管与测定管同样处理后，通过比色，即可求得血清钾的含量。

四苯硼钠＋钾离子⟶四苯硼钾↓＋钠离子

【试剂】

1. 缓冲液 取0.2mol/L磷酸氢二钠溶液（称$Na_2HPO_4 \cdot 12H_2O$ 7.16g，溶于100ml蒸馏水中）19.45ml及0.1mol/L柠檬酸溶液（称柠檬酸2.1g溶于100ml蒸馏水中）0.55ml混合即成。

2. 1%四苯硼钠溶液 称取四苯硼钠1.0g，溶于上述缓冲液20ml中，加蒸馏水至100ml。

3. 钾标准液

（1）钾储存液（1ml含1mg钾）：精确称取干燥纯硫酸钾（K_2SO_4）2.229g置于烧杯内，加蒸馏水溶解后移至1000ml容量瓶中，再用蒸馏水稀释至刻度，加甲苯少许为防腐剂。

（2）应用液（1ml含0.2mg钾）：取1份钾标准储存液用蒸馏水稀释5倍即可。

【操作】

取洁净干燥试管4支，将其中3支分别标明空白管、标准管和测定管（另1支备操作过程中用），按下表进行操作：

试剂（ml）	试管		
	空白管	标准管	测定管
血清	—	—	0.1
钾标准液（0.2mg/ml）	—	0.1	—
蒸馏水	0.8	0.7	0.4
10%钨酸钠溶液	0.1	0.1	0.2
2/3N硫酸溶液	0.1	0.1	0.1
	测定管混匀后，离心5min，取上清液1ml于备用试管中		
上清液	—	—	0.1
1%四苯硼钠溶液	4.0	40	4.0

混匀，静置5min后，于630nm波长处比色，以空白管校正光密度至零点，分别读取各管光密度。

【计算】

$$血清钾(mmol/L)=\frac{测定管光密度}{标准管光密度}\times 0.2\times\frac{100}{0.1}\times 0.2558$$
$$=\frac{测定管光密度}{标准管光密度}\times 200\times 0.2558$$

正常值：3～5mmol/l。

【注意事项】

1. 细胞内钾浓度约高于血清 20 倍，因此，所测标本严禁溶血。血凝固后应立即分离血清，否则血细胞内钾离子会渗入血清中，将影响测定结果。

2. 四苯硼钠以白色粉末为佳，在冷暗干燥处，约可保存 1 年，时间太久会渐渐变质。变质后呈块状，颜色亦渐成黄色或微红色，配制时不能完全溶解，这种试剂不能使用。

3. 不同牌号或不同批号的四苯硼钠所显浊度不同。因此，不宜采用标准曲线，每次做标准管。

4. 配制好的四苯硼钠溶液，放 4℃冰箱中保存，至少可以保存 3 个月。

5. 加入四苯硼钠的速度不同，所得浊度亦不同，因此，必须严格控制加入速度，否则会影响结果。

6. 氨对浊度有影响，操作时应避免氨的干扰。

二、四苯硼钠直接测定法

【试剂】

1. 0.1mol/L 乙二胺四乙酸二钠（$EDTANa_2$）溶液。

2. 0.1mol/L 磷酸氢二钠溶液。

3. 2.5%四苯硼钠溶液　取四苯硼钠 5g，加 0.1mol/L 磷酸氢二钠溶液 90ml 及 0.1mol/L 乙二胺四乙酸二钠 10ml 及甲醛 1ml，最后加水至 200ml。

4. 钾标准液（0.2mg/ml）同上法。

【操作】

取试管 3 支，按下表进行操作：

试剂（ml）	试管		
	空白管	标准管	测定管
血清	—	—	0.1
钾标准液（0.2mg/ml）	—	0.1	—
蒸馏水	0.1	—	—
2.5%四苯硼钠液	5.0	5.0	5.0

混匀，静置 5h 后于 640nm 波长处或用红色滤光片比色，以空白管校正光密度至零点，分别读取各管光密度。

【计算】

$$钾(mmol/L)=\frac{测定管光密度}{标准管光密度}\times 0.2\times \frac{100}{0.1}\times 0.2558$$

$$=\frac{测定管光密度}{标准管光密度}\times 200\times 0.2558$$

【注意事项】

1. 多种阳离子可影响血清钾的测定。其中铵离子是干扰的主要来源，加入$EDTANa_2$-甲醛可防止其影响。

2. 本方法节省去蛋白步骤，加入磷酸氢二钠溶液使四苯硼钠溶液 pH 在 8 左右，可阻止蛋白析出，防止其干扰反应。

【临床意义】

1. 血钾增高　肾上腺皮质功能不全可使血清中钾含量增高而钠降低，在尿中则为钾减少而钠增高，如 Addison 病。食用多量钾盐且肾排泄钾盐功能不良时，血钾增高。尿闭、尿少或尿毒症时，引起钾在体内潴留。组织细胞破坏致使细胞内大量钾离子进入细胞外液。急性支气管哮喘、中枢性或末梢性呼吸障碍、休克及循环衰竭等使组织细胞缺氧时，均可使血清钾增高；严重的脱水现象可使细胞外液减少，因而血钾浓度相对增高。

2. 血钾降低　糖尿病酸中毒及昏迷患者，在胰岛素治疗过程中，可发生血钾减少现象。给患者大量无钾盐的输液致使血细胞外液稀释；库欣综合征引起钾盐大量丢失；原发性醛固酮增多症，用大量肾上腺皮质激素治疗后，可使血钾降低；长期食入钾不足及长期使用排钾利尿剂者，均可使血钾降低。

（韩　冰）

实验三十一　血清总钙测定

一、邻甲酚酞络合酮比色法

【原理】

邻甲酚肽络合酮（OCPC）是金属指示剂，在碱性溶液中与钙及镁离子螯合，生成紫红色络合物。做钙测定时，在试剂中加入 8－羟基喹啉以消除标本中镁离子的干扰。

【试剂】

1. 邻-甲酚肽络合酮显色剂　称取 8－羟基喹啉 500mg 至烧杯中，加浓盐酸 5ml，使其溶解并转入 500ml 容量瓶，再加入邻甲酚肽络合酮 25mg，待完全溶解后，加 1ml Triton X－100，混匀，然后加去离子水至刻度，置聚乙烯塑料瓶内保存。

2. 1mol/L AMP 碱性缓冲液　于 1L 容量瓶中置去离子水 500ml，加入 2－氨基-2－甲基-1－丙醇（AMP）89.14g，待完全溶解后加水至刻度，置聚乙烯塑料瓶中室温保存。

3. 显色应用液　应用时，根据当日标本量将上述两液等量混合。

4. 钙标准液（2.5mmol/L）　精确称取经 110℃干燥 12h 的碳酸钙（AR.）0.125g，置于 500ml 容量瓶内，加蒸馏水少许和 1mol/L 稀盐酸 2.5ml，微温溶解。冷却后加去离子水至刻度。

【操作】

取试管 3 支，按下表操作：

试剂	试管		
	空白管	标准管	测定管
去离子水（μl）	50	—	—
钙标准液（μl）	—	50	—
质控血清（μl）	—	—	—
血清（μl）	—	—	50
显色应用液（ml）	4.0	4.0	4.0

混匀，放 5min 后，分光光度计波长 575nm，比色杯光径 10mm，用空白管调零，读取测定管和标准管的吸光度。

【结果计算】

$$血清钙(mmol/L)=\frac{测定管光密度}{标准管光密度}\times 2.5$$

【参考区间】

成年人：2.03～2.54mmol/L；儿童：2.25～2.67mmol/L。

【注意事项】

1. 邻甲酚酞络合酮是酸碱指示剂。pH 对其显色有很大影响，pH 10.5～12 时此反应敏感性最好，所以选用 pH 11 为宜。

2. 此法对钙离子有较高敏感性，测定器皿要清洁，试剂最好用聚乙烯塑料瓶保存。配制试剂最好用高质量的双蒸水。

3. 8-羟基喹啉在水溶液中溶解度很低，易析出结晶，所以，配出的显色剂有时有结晶析出，这时需取上清液使用。

4. 若试剂吸光度较高时，则标准曲线不通过零点，产生负截距。遇此情况，可在试剂中加入适量的 EDTA-Na_2 或用 1.25mmol/L、2.5mmol/L 标准液作二点定标。

5. 血清避免溶血，Hb 可产生正干扰，胆红素可产生负干扰，可用血清对照清除。

6. 可用血清或肝素抗凝血标本，不能用钙螯合剂及草酸盐作抗凝剂的标本。

二、乙二胺四乙酸二钠（EDTA-Na_2）滴定法

【原理】

血清中 Ca^{2+} 在碱性条件下能与铬黑 T 指示剂结合形成络合物，此时溶液显紫红色，利用乙二胺四乙酸二钠（EDTA-Na_2）对 Ca^{2+} 亲和力比铬黑 T 大，用 EDTA-Na_2 滴定，形成 EDTA-Ca 的络合物，使铬黑 T 重新游离出来，溶液颜色由紫红色变成铬黑 T 自身的蓝色。用 EDTA-Na_2 分别滴定测定管和标准管，根据所消耗的 EDTA-Na_2 的量，利用公式即可算出标本中钙的含量。

$$Ca^{2+} + \text{铬黑 T} \longrightarrow \text{铬黑 T-Ca 络合物(紫红色)}$$

$$\text{铬黑 T-Ca 络合物} + \text{EDTA-}Na_2 \longrightarrow \text{EDTA-Ca 络合物} + \text{铬黑 T(蓝色)}$$

【试剂】

1. 钙标准液（0.1mg/ml）　取无水碳酸钙（AR）110℃干燥 24h，放干燥器中冷却，精确称取 0.125g，加 10ml 去离子水及 2.5ml 1mol/L HCl，溶解于 500ml 容量瓶中，用去离子水定容至 500ml。

2. 铬黑 T 指示剂　取铬黑 T 指示剂 0.5g 置 100ml 容量瓶中加 pH=10 的缓冲液 10ml，用无水乙醇稀释至 100ml，用时以蒸馏水 5 倍稀释即可。

3. 乙二胺四乙酸二钠（EDTA-Na_2，AR）　精确称取 EDTA-Na_2·$2H_2O$ 1.8613g，用去离子水溶解，并准确稀释至 1000ml，为储备液（5mmol/L），用时以蒸馏水 10 倍稀释即可。

4. pH=10 的缓冲液　取 NH_4Cl 20g 置于 100ml 容量瓶中，加浓氨水 160ml，再用去离子水稀释至 1000ml。

【操作】

1. 取 2 支试管，按下表操作：

试剂	试管	
	测定管	标准管
钙标准液（ml）	—	0.2
血清（ml）	0.2	—
pH=10 的缓冲液（ml）	1.0	1.0
铬黑 T 指示剂（滴）（ml）	3.0	3.0
去离子水（ml）	1.0	1.0

2. 将两管混匀，用微量滴定管盛 EDTA－Na_2稀释液，先滴定标准管，再滴定测定管，分别记下所消耗 EDTA－Na_2溶液的量（以紫红色刚消失，溶液出现浅绿色为终点，滴定速度要慢，每加 1 滴都要摇匀）。

【计算】

将滴定所消耗的 EDTA－Na_2 毫升数代入下式，计算结果

$$血钙=\frac{测定管所消耗的\ EDTA-Na_2量}{标准管所消耗的\ EDTA-Na_2量}\times 0.02\times\frac{100}{0.2}\times 0.2495$$

$$=\frac{测定管所消耗的\ EDTA-Na_2量}{标准管所消耗的\ EDTA-Na_2量}\times 2.495$$

正常人血清钙含量：2.25～2.27mmol/L。

【临床意义】

1. 血清钙升高　常见于甲状腺增生、维生素 D 使用过量、多发性骨髓瘤、转移性骨癌并发尿毒症、慢性肾炎等。

2. 血清钙降低　常见于甲状腺功能减退、维生素 D 缺乏、骨软化症、佝偻病以及引起血浆蛋白质降低的某些疾病等。

（李　阁）

实验三十二　家兔低钙实验

【原理】

钙的生理功能之一是降低神经肌肉兴奋性，血液中的钙有两种存在形式：一种以离子钙的形式存在，其浓度为 1.1～1.4mmol/L；另一种为结合钙，二者浓度基本相等。正常人血清钙浓度为 2.2～2.7mmol/L。如果血清钙浓度低于 2.2mmol/L，特别是离子钙低于 0.9mmol/L 时神经肌肉兴奋性就会过度增强，出现手足搐搦，这种现象可以用钙制剂纠正。

本实验是给家兔注射枸橼酸钠，它可以和血清中离子钙结合成难解离的枸橼酸钙，使血清中离子钙下降，当离子钙浓度降低至一定程度时，家兔可以出现搐搦现象，此时再注射钙制剂使血清离子钙浓度恢复，症状即缓解，使家兔恢复正常。

【试剂】

1. 5％$CaCl_2$

2. 3.8％枸橼酸钠

【操作】

取正常家兔 1 只，称重，然后根据其重量计算注射枸橼酸钠的量。由于家兔的性别、年龄等个体差异很大，因此注射枸橼酸钠的量亦有出入，一般每千克体重注射 3.8％枸橼酸钠 3.5～5ml，具体每只家兔的注射量可根据注射后家兔的状态决定。

准备 20ml 注射器 2 支，分别吸取 5％$CaCl_2$ 8～10ml，3.8％枸橼酸钠 15ml 左右，然后一位同学用两手固定好家兔，另一位同学由家兔耳缘静脉缓慢注入枸橼酸钠溶液，同时仔细观察家兔的表现。当家兔出现呼吸急促、颈部强直时立即停止注射，松开家兔观察片刻搐搦现象后，马上由耳缘静脉迅速注入 5％$CaCl_2$ 溶液大约 8ml，观察搐搦现象的缓解现象。

【注意事项】

注射枸橼酸钠时速度一定要缓慢，否则由于血中离子钙含量下降过快，家兔容易心搏骤停而死亡。

（赵家坤）

实验三十三　血清无机磷测定

一、硫酸亚铁磷钼蓝比色法

【原理】

用三氯醋酸沉淀血清蛋白质，得无蛋白血滤液，无机磷仍留在滤液中，向无蛋白滤液中加入钼酸铵试剂。在酸性环境中，钼酸铵与无机磷结合生成磷钼酸，再以硫酸亚铁为还原剂将其还原成蓝色化合物（钼蓝），进行比色测定。

$$(NH_4)_2MoO_4 + H_2SO_4 \longrightarrow H_2MoO_4 + (NH_4)_2SO_4$$

$$12H_2MoO_4 + H_3PO_4 \longrightarrow H_3PO_4 \cdot 12MoO_4 + 12H_2O$$

$$H_3PO_4 \cdot 12MoO_4 \longrightarrow MoO_5 + MoO_3\text{（钼蓝）}$$

【试剂】

1. 三氯醋酸-硫酸亚铁溶液　称取硫脲 10g，硫酸亚铁（$FeSO_4 \cdot 7H_2O$）10.6g 和三氯醋酸 100g，以去离子水溶解并稀释至 1L，置 4℃冰箱中保存。

2. 钼酸铵溶液　称取钼酸铵 4.4g，溶解于约 40ml 去离子水；另取浓硫酸 9ml，逐滴加入约 40ml 去离子水中。将两液混合，以去离子水定容至 100ml。

3. 无机磷标准贮存液　称取无水磷酸二氢钾（KH_2PO_4）4.39g，用去离子水溶解后移入 1L 容量瓶中，再加三氯甲烷 1.0ml 防腐，加去离子水定容至刻度，置 4℃冰箱中保存。

4. 无机磷标准应用液（1.29mmol/L）　取无机磷标准贮存液 4.0ml，加入 100ml 容量瓶中，再加三氯甲烷 1.0ml 防腐，加以去离子水定容至刻度，置 4℃冰箱中保存。

【操作】

取血清 0.2ml，加入三氯醋酸-硫酸亚铁溶液 4.8ml，充分混匀，放置 10min 后，离心沉淀，制成无蛋白滤液，按下表操作。无机磷标准液按同样方法处理。

试剂（ml）	试管		
	空白管	标准管	测定管
三氯醋酸液-硫酸亚铁溶液	4.0	—	—
磷标准液滤液	—	4.0	—
质控血清滤液	—	—	—
去蛋白血滤液	—	—	4.0
钼酸铵溶液	0.5	0.5	0.5

表中各管混匀，放置 15min，分光光度计波长 640nm，比色杯光径 10mm，以空白管调零，读取各管的吸光度。

【结果】

$$血清无机磷(mmol/L)=\frac{测定管光密度}{标准管光密度}\times标准液浓度$$

【参考区间】

成年人：0.96～1.62mmol/L

儿童：1.45～2.10mmol/L

【注意事项】

1. 在血清管中加入三氯醋酸-硫酸亚铁溶液时速度要慢，以使蛋白沉淀物呈细颗粒状。如蛋白沉淀呈片状，可将无机磷包裹在其中，使测定结果偏低。

2. 血标本宜采用血清或肝素抗凝血浆。应避免使用 EDTA、枸橼酸钠和草盐作为抗凝剂。

3. 标本不能溶血，采血后应尽快分离血清，如果细胞内磷酸酯水解会使血清无机磷含量升高。

4. 血磷测定最好用血清，如用血浆，每毫升血液标本中草酸钾抗凝剂用量不得多于2mg，否则会影响显色。

5. 反应中的钼蓝准确化学式尚未确定，一般认为是 MoO_5+MoO_3 的混合物。

6. 米吐尔直接显色为单一试剂，不除蛋白，快速、简便，精密度和准确度都能达到较高的水平。

7. 若用本法作尿磷测定时，先用 50%（V/V）盐酸将尿液调至 pH6.0，然后用蒸馏水作 1∶10 稀释，其后操作步骤与血清相同。计算如下：

$$尿无机磷(mmol/24h)=\frac{测定管光密度}{标准管光密度}\times1.29\times24\ 小时尿量$$

【思考题】

1. 简述硫酸亚铁磷钼蓝比色法测定血清磷的原理。

2. 简述避免使用枸橼酸钠、EDTA 和草酸盐作为抗凝剂的原因。

二、紫外分光光度法

【原理】

血清中无机磷在酸性溶液中与钼酸铵作用所形成的复合物，直接于 340nm 或 325nm 波长处测定其吸光度。

【试剂与材料】

1. 360mmol/L 硫酸　准确吸取浓硫酸（AR）2ml 加至 98ml 水中，混匀即可。

2. 0.15mmol/L 钼酸铵　称取钼酸铵（AR）111.2mg、NaN_3 50mg 至小烧杯中，加 Triton X-100 0.2ml，然后加水至刻度。

3. 应用液　应用前根据标本的数量将上述“1”液和“2”液等量混合。

4. 无机磷标准液　1ml=0.04mg 磷或 1.292mmol/L，配制方法见前法。

【操作方法】

取 3 支试管，按下表操作：

试剂	试管		
	空白管	标准管	测定管
去离子水（μl）	0.1	—	—
磷标准液（μl）	—	0.1	—
质控血清（μl）	—	—	—
待测血清（μl）	—	—	0.1
应用液（ml）	3.0	3.0	3.0

混匀，用分光光度计，于 340nm 波长处以空白管调零，比色杯光径 10mm 进行比色，读取各管的吸光度。

【结果】

$$血清无机磷(mmol/L)=\frac{测定管光密度}{标准管光密度}\times 1.292$$

【参考区间】

血清无机磷 0.9～1.34mmol/L（2.76～4.16mg/dl）

【注意事项】

1. 凡带有紫外波长 325nm 或 340nm 的分光光度计均可应用。340nm 测得的吸光度是 325nm（吸收峰在 325 nm）的 82%。

2. 本反应在 5～120min 内显色稳定，3h 后，标准管吸光度无改变，而测定管吸光度随时间延长而上升，这可能与血清中含有极微量的还原性物质有关。

3. 0.4%（V/V）Tween－80、0.4%（V/V）Tween－20 和 0.2%（V/V）Triton X－100三种表面活性剂均适用于本法应用，所测结果基本相同，因此可选用其中的一种。吐温浓度以 0.4%为佳，浓度太大，试剂颜色加深，吸光度增高；浓度太低，易产生浑浊。

4. 黄疸和脂血标本应做标本空白，溶血标本会使结果偏高，不宜采用。

【临床意义】

1. 血清无机磷升高　①甲状旁腺功能减退症，由于激素分泌减少，肾小管对磷的重吸收增强使血磷增高；②慢性肾炎晚期磷酸盐排泄障碍而使血磷滞留；③维生素 D 过多，促进肠道的钙、磷吸收；④多发性骨髓瘤及骨折愈合期。

2. 血清无机磷降低　①甲状旁腺功能亢进症时，肾小管重吸收受抑；②佝偻病或软骨病伴有继发性甲状旁腺增生，使尿磷排泄增多而血磷减低。

（王文国）

附录Ⅰ　常用缓冲液的配制方法

1. 乙酸-乙酸盐缓冲液（ml）

pH	0.2mol/L 乙酸	0.2mol/L 乙酸钠	pH	0.2mol/L 乙酸	0.2mol/L 乙酸钠
3.72	9.0	1.0	4.8	4.0	6.0
4.05	8.0	2.0	4.99	3.0	7.0
4.27	7.0	3.0	5.23	2.0	8.0
4.45	6.0	4.0	5.37	1.5	8.5
4.63	5.0	5.0	5.57	1.0	9.0

2. 甘氨酸缓冲液

pH	0.1mol/L HCl（ml）	0.1mol/L NaOH（ml）	0.1mol/L 甘氨酸氯化钠（ml）
2.28	4.00	—	6.00
2.61	3.00	—	7.00
2.92	2.00	—	8.00
3.34	1.00	—	9.00
3.68	0.50	—	9.50
3.99	0.25	—	9.75
4.44	0.10	—	9.90
6.11	—	—	10.00
7.81	—	0.10	9.90
8.24	—	0.25	9.75
8.57	—	0.50	9.50
8.93	—	1.00	9.00
9.36	—	2.00	8.00
9.71	—	3.00	7.00
10.14	—	4.00	6.00

3. 邻苯二甲酸氢钾-盐酸缓冲液（ml）

pH	0.1mol/L HCl	0.1mol/L 邻苯二甲酸氢钾	蒸馏水	pH	0.1mol/L HCl	0.1mol/L 邻苯二甲酸氢钾	蒸馏水
2.2	46.7	50.00	均加至100.00	3.2	14.70	50.00	均加至100.00
2.4	39.60	50.00	均加至100.00	3.4	9.90	50.00	均加至100.00
2.6	32.95	50.00	均加至100.00	3.6	5.97	50.00	均加至100.00
2.8	26.42	50.00	均加至100.00	3.8	2.63	50.00	均加至100.00
3.0	20.32	50.00	均加至100.00				

4. 邻苯二甲酸氢钾-氢氧化钠缓冲液（ml）

pH	0.1mol/L NaOH	0.1mol/L 邻苯二甲酸氢钾	蒸馏水	pH	0.1mol/L NaOH	0.1mol/L 邻苯二甲酸氢钾	蒸馏水
4.0	0.40	50.00	均加至100.00	5.2	29.95	50.00	均加至100.00
4.2	3.70	50.00	均加至100.00	5.4	35.45	50.00	均加至100.00
4.4	7.05	50.00	均加至100.00	5.6	39.80	50.00	均加至100.00
4.6	12.15	50.00	均加至100.00	5.8	43.00	50.00	均加至100.00
4.8	17.70	50.00	均加至100.00	6.0	45.45	50.00	均加至100.00
5.0	23.85	50.00	均加至100.00	6.2	47.00	50.00	均加至100.00

5. 磷酸氢二钠-磷酸二氢钠缓冲液（ml）

pH	0.2mol/L Na_2HPO_4	0.2mol/L NaH_2PO_4	pH	0.2mol/L Na_2HPO_4	0.2mol/L NaH_2PO_4
5.8	8.0	92.0	7.0	61.0	39.0
6.0	12.3	87.7	7.2	72.0	28.0
6.2	18.5	81.5	7.4	81.0	19.0
6.4	26.5	73.5	7.6	87.0	13.0
6.6	37.5	62.5	7.8	91.5	8.5
6.8	49.0	51.0	8.0	94.7	5.3

6. 磷酸氢二钠-磷酸二氢钾缓冲液（ml）

pH	0.2mol/L Na_2HPO_4	0.2mol/L KH_2PO_4	pH	0.2mol/L Na_2HPO_4	0.2mol/L KH_2PO_4
4.92	0.10	9.90	7.17	7.00	3.00
5.29	0.50	9.50	7.38	8.00	2.00
5.91	1.00	9.00	7.73	9.00	1.00
6.24	2.00	8.00	8.04	9.95	0.50
6.47	3.00	7.00	8.34	9.75	0.25
6.64	4.00	6.00	8.67	9.90	0.10
6.81	5.00	5.00	8.18	10.00	0
6.98	6.00	4.00			

7. 巴比妥钠-盐酸缓冲液（ml）

pH	0.1mol/L 巴比妥钠	0.1mol/L HCl（ml）	pH	0.1mol/L 巴比妥钠	0.1mol/L HCl（ml）
6.8	5.22	4.78	8.4	8.23	1.77
7.0	5.36	4.64	8.6	8.71	1.29
7.2	5.54	4.46	8.8	9.08	0.92
7.4	5.81	4.19	9.0	9.36	0.64
7.6	6.15	3.85	9.2	9.52	0.48
7.8	6.62	3.38	9.4	9.74	0.26
8.0	7.16	2.84	9.6	9.85	0.15
8.2	7.69	2.31			

8. 碳酸钠-碳酸氢钠缓冲液（ml）

pH		0.1mol/L Na_2CO_3	0.1mol/L $NaHCO_3$
20℃	37℃		
9.16	8.77	1	9
9.40	9.12	2	8
9.51	9.40	3	7
9.78	9.50	4	6
9.90	9.72	5	5
10.14	9.90	6	4
10.28	10.08	7	3
10.53	10.28	8	2
10.83	10.57	9	1

9. Tris-盐酸缓冲液（ml）

pH	0.1mol/L Tris	0.1mol/L HCl	pH	0.1mol/L Tris	0.1mol/L HCl
7.10	50.00	45.7	8.10	50.00	26.2
7.20	50.00	44.7	8.20	50.00	22.9
7.30	50.00	43.4	8.30	50.00	19.9
7.40	—	42.0	8.40	—	17.2
7.50	—	40.3	8.50	—	14.7
7.60	—	38.5	8.60	—	12.7
7.70	—	36.5	8.70	—	10.3
7.80	—	34.5	8.80	—	8.5
7.90	—	32.0	8.90	—	7.0
8.00	—	29.2			

附录Ⅱ　各种洗涤液的配方及使用

针对不同的实验器材沾污物及使用的需要，采用不同的洗涤液能有效地洗净各种实验器材。下面介绍几种常用的洗涤液的配方及使用方法。

1. 铬酸洗液（重铬酸钾-硫酸洗液，简称为洗液）　广泛用于玻璃仪器的洗涤，常用的配制方法有下列几种：

（1）取100ml工业浓硫酸置于烧杯内，小心加热，然后小心慢慢加入5g重铬酸钾粉末，边加边搅拌，待全部溶解后冷却，储于具玻璃塞的细口瓶内。

（2）常用的铬酸洗液，浓度一般为3%～5%，配制方法如下：称取研细的工业品重铬酸钾20g置于40ml水中加热溶解，冷后，徐徐加入360ml工业浓H_2SO_4（千万不能将水或铬酸钾溶液加入硫酸中），边加边用玻璃棒小心搅拌，并注意不要溅出，因为放热较多；硫酸不要加得过快，配好后放冷，装瓶备用。新配制的洗液为红褐色，氧化能力很强，当洗液用久后变为绿色即说明洗液已无氧化洗涤能力。洗液瓶要加盖，避免硫酸吸水减弱洗涤能力。

（3）称取80g重铬酸钾溶于1000ml自来水中，慢慢加入工业硫酸100ml（边加边用玻璃棒搅动）。

2. 浓盐酸或1∶1盐酸液　用于洗去碱性物质及大多数无机物残渣、水垢等。

3. 碱性洗液　10%NaOH水溶液或乙醇溶液。

使用时注意：①10%NaOH水溶液加热（可煮沸）使用，其去油污效果较好，但煮的时间不宜过长，否则会腐蚀玻璃；②乙醇溶液不要加热；③玻璃器材不可长时间（24h以上）浸泡；④从碱性溶液中捞出器材时，切忌用手直接拿取，要戴医用乳胶手套或用镊子拿取，以免烧伤皮肤。

4. 碱性高锰酸钾洗液　称取4g高锰酸钾溶于少量水中，加入10%NaOH溶液100ml，用水稀释至1000ml。清洗油污或其他有机物质，洗后容器沾污处有褐色二氧化锰析出，再用浓盐酸或草酸洗液，硫酸亚铁、亚硫酸钠等还原剂去除。

5. 草酸洗液　称取5～10g草酸溶于100ml水中，加入少量浓盐酸。洗涤高锰酸钾洗液洗后产生的二氧化锰，必要时加热使用。

6. 碘-碘化钾溶液　称取18g碘和28g碘化钾溶于水中，用水稀释至100ml。洗涤用硝酸银滴定液后留下的黑褐色油污物，也可用于洗涤用过硝酸银的白瓷水槽。

7. 有机溶剂　苯、乙醚、丙酮、二氯乙烷等，可洗去油污或可溶于该溶剂的有机物质，用时要注意其毒性及可燃性。

8. 乙醇、浓硝酸混合液（不可事先混合）　用一般方法很难洗净的有机物可用此法。于容器内加入不多于2ml的乙醇，加入10ml浓硝酸，静置片刻，立即发生激烈反应，放出大量热及二氧化氮，反应停止后再用水冲洗。操作应在通风柜中进行，不可塞住容器，做好防护。

此外，此法最适合于洗净滴定管，在滴定管中加入3ml乙醇，然后沿管壁慢慢加入4ml浓硝酸（比重1.4）盖住滴定管口，利用所产生的二氧化氮洗净滴定管。

9. 5%～10%乙二胺四乙酸二钠（EDTA－Na_2）溶液　加热煮沸可洗脱玻璃仪器内壁的白色沉淀物。

10. 45%尿素洗涤液　为蛋白质的良好溶剂。适用于洗涤盛蛋白质制剂及血样的容器。

11. 30%硝酸溶液　洗涤 CO_2 测定仪器及微量滴管。

12. 纯酸纯碱洗液

(1) 纯酸：①浓盐酸；②浓硫酸；③浓硝酸。

使用时可用浸泡法和浸煮法（温度不宜太高，有挥发刺激性）。

(2) 纯碱：①10%以上浓 NaOH；②10%以上 KOH；③10% Na_2CO_3。

使用时可用浸泡法及浸煮法（可以煮沸）。

以上洗涤方法都是应用物质的物理互溶性及化学性质达到洗净仪器的目的。在实验室中可以把废酸、回收的有机溶剂等分别收集起来备用。

（刘艳艳）